"上海市食用菌产业技术体系"专项（2017—2021）

上海食用菌产业经济发展研究

张莉侠　俞美莲　汤倩倩◎著

中国农业科学技术出版社

图书在版编目（CIP）数据

上海食用菌产业经济发展研究/张莉侠，俞美莲，汤倩倩著.--北京：中国农业科学技术出版社，2021.10
ISBN 978-7-5116-5511-0

Ⅰ.①上… Ⅱ.①张…②俞…③汤… Ⅲ.①食用菌—产业化发展—研究—上海 Ⅳ.① F326.13

中国版本图书馆 CIP 数据核字（2021）第 197589 号

责任编辑　白姗姗
责任校对　李向荣
责任印制　姜义伟　王思文

出 版 者	中国农业科学技术出版社
	北京市中关村南大街 12 号　邮编：100081
电　　话	（010）82106638（编辑室）　（010）82109702（发行部）
	（010）82109709（读者服务部）
传　　真	（010）82106650
网　　址	http://www.castp.cn
经 销 者	各地新华书店
印 刷 者	北京建宏印刷有限公司
开　　本	185 mm×260 mm　1/16
印　　张	11
字　　数	210 千字
版　　次	2021 年 10 月第 1 版　2021 年 10 月第 1 次印刷
定　　价	68.00 元

版权所有·侵权必究

前　言

素有"山中之珍"之称的食用菌营养丰富，越来越受广大消费者喜爱，同时还有绿色、味道鲜美兼具食用和药疗保健的独特优点，符合当下人们的科学饮食发展趋势，具有巨大的市场潜力。"一荤一菌一素"也成为营养专家推荐的每日健康食谱，发展空间很大。随着农业产业结构的调整、消费需求的变化、农业发展模式的演变，食用菌产业呈现出良好的发展势头，因其不与人争粮、不与粮争地、不与地争肥、不与农争时、不与其他行业争资源的特点，食用菌产业在绿色农业发展中发挥着重要而独特的作用。随着科技的不断进步，食用菌品种不断增加，价值不断增大，食用菌产业已经形成了很大的市场规模。

上海在中国食用菌产业发展、食用菌科学技术研究中有着辉煌的历史，做出了重要的贡献。上海的食用菌生产始于1935年，曾成功栽培出全国首批双孢蘑菇，生产出首个蘑菇罐头，并出口了首批蘑菇产品，建立了全国首个食用菌研究所。从20世纪50年代起，上海食用菌研究领域获得的一大批科研成果，有力推动了上海乃至全国食用菌产业的发展。20世纪50—80年代，食用菌曾是上海农业出口创汇的拳头产品。1978年改革开放以来，上海食用菌产业及科学研究迎来了全新的发展机遇。经过40多年的发展与积累，在2010年以后进入了高速发展期。随着新一轮产业结构的调整，由过去的简易家庭式生产模式，逐渐转向应用现代工业设备、设施进行人工模拟食用菌生态环境技术的工厂化生产模式，食用菌产业已初显发展优势，在都市现代绿色农业发展中有着重要的地位与作用，也成为生态循环经济中的重要组成部分。

目前上海食用菌生产模式呈现出以工厂化生产为主、合作社生产为辅的特点。"雪榕""丰科""联中""大山合"等一批食用菌知名品牌企业通过自身改革创新，取得了较好的经济效益和社会效益。然而，近年来由于上海食用菌产业生产成本居高不下，土地资源的稀缺，上海食用菌企业纷纷到山东、河南、贵州、云南等地建设食用菌工厂，通过"两头在内、中间在外"的模式促进食用菌产业的发展。作为大都市的上海，食用菌产业发展历经了曾经工厂化的优势，到目前面临的土地资源瓶颈、生产成本上升的压力、市场销售模式单一等问题，很有必要对当前上海食用菌产业的发展情况做分析和研究,以期为上海的食用菌产业发展乃至全国食用菌产业发展提供参考。

今天奉献给读者的这本著作就是近年来作者对上海食用菌产业经济发展的系统跟踪研究成果。本书是在上海食用菌产业技术体系的资助及指导下共同完成的阶段性成果,全书重点从经济学视角考察上海食用菌产业的发展及变迁。通过分析上海食用菌产业的发展历程、产业发展特点、产品及市场结构、经营模式及产业未来发展趋势等,结合实地走访、调研及问卷调查,剖析食用菌生产企业的生产行为变化与消费者对食用菌产品的选择行为及消费特征,剖析了上海食用菌产业的生产、市场、流通特点及上海食用菌产业发展方向,最后结合在国内外食用菌产业的发展及市场供给等,提出促进上海食用菌产业发展的对策建议。该书有助于全面系统了解上海市食用菌产业的发展历程及发展过程中的转型特点,有利于为政府了解掌握食用菌产业发展的经济行为特征及制定针对性的对策建议提供决策参考,不仅具有重要的理论意义,而且也有很强的现实意义。

张莉侠
2021 年 10 月 10 日

目 录

第一章 上海食用菌产业：背景分析及相关界定 ……………………… 001
  第一节 研究背景及意义 ………………………………………………… 003
  第二节 概念的界定 ……………………………………………………… 004
  第三节 研究目标 ………………………………………………………… 004
  第四节 结构框架 ………………………………………………………… 005
  第五节 研究方法及数据来源 …………………………………………… 006
    一、研究方法 ………………………………………………………… 006
    二、数据来源 ………………………………………………………… 009

第二章 上海食用菌产业：光辉历程及作用贡献 ……………………… 011
  第一节 上海食用菌产业发展历程回顾 ………………………………… 013
    一、萌芽期（1843—1949 年） ……………………………………… 014
    二、起步期（1950—1977 年） ……………………………………… 016
    三、成长期（1978—1999 年） ……………………………………… 018
    四、快速发展期（2000—2018 年） ………………………………… 021
  第二节 上海食用菌产业的地位和贡献 ………………………………… 023
    一、生产技术地位 …………………………………………………… 023
    二、贡献 ……………………………………………………………… 025

第三章 上海食用菌产业：产品结构及区域分布 ……………………… 027
  第一节 上海食用菌产业发展现状 ……………………………………… 029
    一、产业生产概况 …………………………………………………… 029

二、产品结构情况 ·· 031
  三、区域分布情况 ·· 031
  四、生产模式情况 ·· 032
  五、食品安全管理情况 ·· 035
  六、品牌建设情况 ·· 038
  七、食用菌产业技术体系 ·· 039
 第二节 上海食用菌产业发展特点分析 ··· 040
  一、食用菌产业的工厂化发展趋势 ··· 040
  二、食用菌产业具有较强的研发能力 ··· 041
  三、品种结构不断优化 ·· 041
  四、食用菌产业链不断延伸 ··· 041
  五、通过产业支援助力乡村振兴 ·· 042
 第三节 食用菌产业的经营模式分析 ··· 043
  一、主要经营主体 ·· 043
  二、经营模式特征 ·· 043
  三、产业结构及效益 ·· 045

第四章 上海食用菌的生产：理论分析与案例分析 ······························· 051
 第一节 生产者行为理论分析 ··· 053
  一、食用菌生产者行为研究综述 ·· 053
  二、食用菌生产者选择行为 ··· 054
 第二节 上海食用菌产业发展影响因素分析 ······································ 056
 第三节 上海食用菌生产者的行为分析 ··· 058
  一、生产者生产行为 ·· 058
  二、生产者销售行为 ·· 059
 第四节 上海食用菌产业典型案例分析 ··· 060
  一、上海雪榕生物科技股份有限公司 ··· 060
  二、上海丰科生物科技股份有限公司 ··· 062
  三、上海永大菌业有限公司 ··· 065
  四、上海彭世菇业有限公司 ··· 067
  五、上海联中食用菌专业合作社 ·· 069
  六、上海大山合集团有限公司 ··· 072

第五章 上海食用菌的消费：行为分析与影响因素 … 075

第一节 消费者行为的理论分析 … 078
第二节 上海食用菌消费者行为统计性分析 … 080
　一、调研情况及数据来源 … 080
　二、样本的统计性分析 … 081
　三、消费者的购买行为分析 … 084
　四、消费者关注食用菌产品包装的信息分析 … 087
　五、消费者购买的食用菌产品类型 … 088
　六、消费者食用菌产品的消费行为分析 … 089
　七、消费者对食用菌产品的认知分析 … 092
　八、消费者对食用菌产品的支付意愿 … 095
第三节 上海消费者食用菌消费行为影响因素计量分析 … 097
　一、影响因素分析与变量选择 … 097
　二、模型建立 … 098
　三、影响因素的计量分析 … 100
第四节 主要结论与对策建议 … 102
　一、主要结论 … 102
　二、对策建议 … 103

第六章 上海食用菌产业：市场特点及流通格局 … 105

第一节 上海食用菌产业市场分析 … 107
　一、食用菌市场特点 … 107
　二、地产食用菌产品市场竞争力分析 … 108
第二节 食用菌产品流通分析 … 110
　一、流通渠道分析 … 110
　二、流通渠道选择 … 112

第七章 上海食用菌产业：外部基础与未来方向 … 115

第一节 上海食用菌产业发展的外部基础 … 117
　一、市场多元化优势 … 117
　二、流通能力强劲 … 117

三、技术实力优势明显 …………………………………………… 118

四、人才集聚优势 ………………………………………………… 119

五、资源配置优势 ………………………………………………… 120

六、产业的绿色发展优势 ………………………………………… 120

第二节 上海食用菌产业发展的方向 ……………………………… 121

一、发展模式逐步转型 …………………………………………… 121

二、工厂的高端化发展 …………………………………………… 121

三、逐步向品牌化发展 …………………………………………… 122

四、产业发展的功能逐步延伸 …………………………………… 123

五、产业链向精深加工方向拓展 ………………………………… 124

六、布局全国探索全球化的步伐加快 …………………………… 125

七、空间集聚模式初步形成 ……………………………………… 125

第八章 国外食用菌产业：产业贸易及经验借鉴 ……………………… 129

第一节 国际食用菌产业贸易概况 …………………………………… 131

一、世界主要食用菌贸易量概况 ………………………………… 131

二、世界食用菌产业竞争力分析 ………………………………… 132

第二节 世界食用菌产业贸易空间格局概述 ………………………… 133

一、世界食用菌贸易空间变化 …………………………………… 133

二、世界食用菌出口贸易流向 …………………………………… 134

三、世界食用菌产业竞争格局 …………………………………… 138

第三节 国外食用菌产业发展经验借鉴 ……………………………… 138

一、美国 …………………………………………………………… 139

二、欧盟国家 ……………………………………………………… 141

三、日本 …………………………………………………………… 144

第四节 对中国食用菌产业发展的借鉴 ……………………………… 146

一、做好食用菌产业发展规划的实施 …………………………… 146

二、注重食用菌产业技术创新 …………………………………… 146

三、加强配套设备开发 …………………………………………… 147

四、注重菌菇产业链的分工合作 ………………………………… 147

五、完善和落实财政及相关政策 ………………………………… 147

第九章　上海食用菌产业发展：主要结论与对策建议 … 149

第一节　结　论 … 151
一、国内食用菌产业发展势头良好 … 151

二、上海食用菌产业技术优势明显 … 152

三、上海食用菌产业发展逐步转型 … 152

四、上海食用菌产品的消费逐渐增加 … 153

五、上海食用菌产业市场及流通出现多元化模式 … 153

六、上海食用菌产业的新模式发展 … 153

七、国外食用菌产业发展的经验借鉴 … 154

第二节　对策建议 … 155
一、合理科学规划，加强政策支持 … 155

二、依靠科技创新，做强产业 … 155

三、发挥龙头企业作用，提升产业发展能级 … 156

四、强化宣传引导，推动产销对接 … 156

五、促进产业融合，延伸产业链条 … 156

参考文献 … 158

后　记 … 163

第一章

上海食用菌产业：
背景分析及相关界定

第一节 研究背景及意义

近年来,随着居民生活水平提高,对健康食品的需求越来越大,具有天然、保健、营养等食用特点的食用菌越来越受广大消费者喜爱,素有"山中之珍"之称的食用菌营养丰富、味道鲜美,同时兼具食用和药疗保健的独特优点,符合当下人们的科学饮食发展趋势,具有巨大的市场潜力。"一荤一菌一素"也成为营养专家推荐的每日健康食谱,可见食用菌作为未来国际主流营养食品,发展空间很大。

中国食用菌的年产量占全球总量的 80% 左右,是全球最大的食用菌生产和出口国,其总产值在中国种植业中的排名仅次于粮、油、菜、果,位居第五。中国食用菌的栽培种类有 130 多种,形成商品的有 50 种,实现规模生产的有 30 多种。随着科技的发展,食用菌品种不断增加,价值不断增大,食用菌产业已经形成了很大的市场规模。作为国际化大都市,上海具有技术、市场、资金、设备等多种优势,其农业领域的发展目标是大力推进都市现代绿色农业发展,促进农业农村现代化,助力乡村振兴。上海食用菌产业经过了不断的积累,在 2010 年以后进入了高速发展期。随着新一轮产业结构的调整,由原来的简易家庭式生产模式,逐渐转向应用现代工业设备、设施进行人工模拟食用菌生态环境技术的工厂化生产模式,食用菌产业已初显发展优势,在都市现代绿色农业发展中有着重要的地位与作用,也成为生态循环经济中的重要组成部分。上海食用菌产业也在不断转型发展,目前上海市食用菌生产模式呈现出以工厂化生产为主、合作社生产为辅的特点。"雪榕""丰科""联中""大山合"等一批食用菌知名品牌企业通过自身改革创新,取得了较好的经济效益和社会效益。近年来由于上海食用菌产业生产成本居高不下,土地资源的稀缺,上海食用菌企业纷纷到山东、河南、贵州、云南等地建设食用菌工厂,通过"两头在内、中间在外"的模式促进食用菌产业的发展。作为大都市的上海,食用菌产业发展历经了曾经工厂化的优势,到目前面临的土地资源瓶颈、生产成本上升的压力、市场销售模式单一等问题,很有必要对当前上海食用菌产业的发展情况做分析和研究,以期为上海的食用菌产业发展乃至全国食用菌产业发展提供参考。

鉴于此,本书的主要任务是重点分析上海食用菌产业的发展历程、产业发展特点、产品及市场结构、经营模式及产业未来发展趋势等,通过实地调研及问卷调查的形式,剖析食用菌生产企业的生产行为变化及消费者对食用菌产品的选择行为及消费特征,分析了上海食用菌产业的生产、市场、流通特点及上海食用菌产业发展方向,最后结合国内外食用菌产业的发展及市场供给特点等,提出促进上海食用菌产业发展的对策建议。该研究有助于全面系统了解上海市食用菌产业的发展历程及发展过程中的转型特点,有利于为政府了解掌握食用菌产业发展的经济行为特征及制定针对性的对策建议提供决策参考。该研究不仅具有重要的理论意义,而且也有很强的现实意义。

第二节 概念的界定

食用菌是指子实体硕大、可供食用的大型真菌,通称为蘑菇。食用菌以其白色或浅色的菌丝体在含有丰富有机质的场所生长,条件适宜时形成子实体,成为人类喜食的佳品。食用菌不仅味道鲜美,而且营养丰富,常被人们称作健康食品,如香菇不仅含有各种人体必需的氨基酸,还可降低血液中的胆固醇、治疗高血压,另外,还发现香菇、金针菇、猴头菇中含有增强人体抗癌能力的物质。

世界上已被描述的真菌达12万余种,能形成大型子实体或菌核组织的达6 000余种,可供食用的有2 000余种,能大面积人工栽培的只有40~50种。中国已知的食用菌有350多种,其中多属于担子菌亚门,常见的有香菇、草菇、蘑菇、木耳、银耳、猴头菇、竹荪、松口蘑(松茸)、口蘑、红菇、灵芝、虫草、松露、白灵菇和牛肝菌等;少数属于子囊菌亚门,其中有羊肚菌、马鞍菌、块菌等。上述真菌分别生长在不同的地区、不同的生态环境中。

第三节 研究目标

总目标:本书在分析上海食用菌产业的发展历程及作用贡献的基础上,剖析上海食用菌生产企业的生产行为变迁与消费者对食用菌产品的选择行为及消费特征,结合上海食用菌产业的生产、市场、流通及经营模式特点,探讨上海食用菌产业的未来发展方向,结合国内外食用菌产业的发展概况及市场流通贸易格局,提出促进上海食用菌产业发展的对策建议。具体目标如下。

- 上海食用菌产业发展历程及作用贡献分析
- 上海食用菌产业发展现状及特点分析
- 上海食用菌生产者行为分析
- 上海食用菌消费者行为分析
- 上海食用菌产业市场及流通分析
- 上海食用菌产业发展方向分析

第四节　结构框架

遵循以上研究思路，本书具体包含以下研究内容。

第一章，背景分析与相关界定。作为全书的导论部分，提出了本书计划研究的问题及基本研究目标，给出了文章的结构框架及研究内容，介绍了全书的主要分析方法和数据来源。

第二章，上海食用菌产业发展历程及作用贡献。分不同阶段对上海食用菌产业的发展历程进行了剖析，同时对上海食用菌产业在推动中国食用菌产业的发展与技术创新中发挥的作用及贡献进行探析及梳理。

第三章，上海食用菌产业发展特点分析。本章在分析上海食用菌产业的发展历程及格局变迁的基础上，重点分析了上海食用菌产业的发展现状，主要包括食用菌产业生产概况、产品结构情况、区域分布情况、食品安全管理及品牌建设情况等，最后分析了上海食用菌产业的经营模式。

第四章，上海食用菌生产者行为分析。本章在对食用菌生产者行为分析的基础上，分析了食用菌生产者的选择行为，从土地资源、生产成本、政策支持等角度分析了影响食用菌企业生产行为选择的因素，进一步考察了上海食用菌企业的生产行为，并以案例形式探析了上海食用菌企业的生产行为选择及经营战略。

第五章，上海食用菌消费者行为分析。在对消费者行为理论分析的基础上，对上海食用菌产品的消费情况进行抽样调查，通过实地调查数据对消费者的购买行为进行分析，通过构建计量经济模型，分析了影响食用菌消费的因素。

第六章，上海食用菌产业市场及流通分析。分析食用菌产业发展特点的基础上，对食用菌产品的流通情况进行考察，包括流通渠道及市场流通渠道的选择，随后考察了食用菌产品的市场建设情况及相关扶持政策。

第七章，上海食用菌产业发展方向分析。从外部条件环境分析了上海食用菌产业发展的基础，从市场需求、产品标准化、产品集聚效应、技术研发等角度考察了上海食用菌产业的发展特点，最后从发展模式、工厂化模式、品牌化、产业发展的功能延伸等角度分析了上海食用菌产业发展的趋势。

第八章，国外食用菌产业发展经验借鉴。本章分析了欧美发达国家食用菌产业的生产及市场状况，结合统计数据分析了世界主要食用菌生产国的市场贸易概况。在国际经验借鉴方面，分析了美国食用菌产业的特色与优势，对欧盟主要食用菌生产国家的荷兰和波兰食用菌产业的技术经济进行分析，最后梳理出中国食用菌产业发展可借鉴的经验。

第九章，作为全文的最后一章节，本章主要根据前面章节的分析，对上海食用菌产业发展进行总结，从科学合理规划、依靠科技创新、发挥龙头企业作用、强化宣传引导、弘扬产业文化等角度提出促进上海食用菌产业发展的对策建议。

第五节　研究方法及数据来源

一、研究方法

1. 抽样调查

采用分层抽样的方法选取调查样本，并对样本进行问卷调查，为整个研究的实证分析提供数据支持。问卷调查的同时对部分调查对象及食用菌生产合作社及企业等进行访谈，以补充数据的不足，获取更有价值的信息，更全面客观掌握食用菌产业的发展情况。

2. 典型调查

本研究在推进过程中，调研的企业及合作社名单如表 1-1、表 1-2 所示。

表 1-1　农业龙头企业名单

序号	企业名称	品牌
1	上海丰科生物科技股份有限公司	鲜菇道 finc
2	上海雪榕生物科技股份有限公司	雪榕/高榕
	上海高榕生物科技有限公司	雪榕
3	上海光明森源生物科技有限公司	九道菇
4	芳源菇业	芳原
5	上海颂菌生物科技有限公司	覃之源
6	上海诚营农业发展有限公司	健康都市
7	上海闽中有机食品有限公司	闽中
8	永大（上海）食用菌有限公司	永大/珍菇园

表 1-2　农业专业合作社名单

序号	合作社名称	品牌	所在区
1	上海星秀食用菌专业合作社	星菇爷	
2	上海联中食用菌专业合作社	联中1号	
3	上海准伏食用菌专业合作社		
4	上海康友食用菌专业合作社		
5	上海南舍食用菌专业合作社		
6	上海知新营食用菌专业合作社		
7	上海南陆食用菌专业合作社		
8	上海华顺食用菌专业合作社		
9	上海明云食用菌专业合作社		金山（17家）
10	上海福菇食用菌专业合作社		
11	上海金继食用菌专业合作社		
12	上海廊喜食用菌专业合作社		
13	上海泉康蔬菜种植专业合作社	金山泉康	
14	上海金碑果蔬种植专业合作社		
15	上海油车蔬果种植专业合作社	鑫品康	
16	内府农业专业合作社		
17	上海华涵水稻种植专业合作社		
1	上海泽福食用菌种植专业合作社	彭世菇业	青浦（2家）
2	上海天茸食用菌专业合作社		

续表

序号	合作社名称	品牌	所在区
1	银岳合作社		
2	志磊合作社	志磊	
3	禾家合作社		浦东（5家）
4	道基合作社		
5	范顺	范顺	
1	上海源申食用菌培育专业合作社	多品	
2	上海志勇食用菌种植专业合作社	马志勇	奉贤（4家）
3	上海泽丰食用菌专业合作社		
4	上海渝开食用菌专业合作社		
1	上海菇林源菌业专业合作社	菇林源	
2	上海林地药材种植专业合作社	中修联	崇明（3家）
3	上海崇明嘉灵农业种植专业合作社	瀛洲嘉灵孢子粉	
1	三家村蔬果专业合作社		宝山（1家）

3. 计量经济学方法

本书分析消费者对食用菌的消费行为选择的是二元选择模型，二元选择模型主要包括二元 Logit 模型和二元 Probit 模型，鉴于大多数学者采用二元 Logit 模型，本研究采用二元 Logit 模型对其进行估计。由于本研究的问题是城市消费者是否经常购买食用菌产品，每周至少购买一次，选择"是"，表示会经常购买；一周以上购买一次的选择"否"，表示不会经常购买；回答包括"是""否"两个选择，是典型的二分选择问题。在研究模型中，将消费者是否经常购买食用菌产品作为二项 Logistic 回归模型的因变量，$Y=1$ 为经常购买食用菌产品，$Y=0$ 为不经常购买食用菌产品，本模型的表达式为：

$$Y = \ln\left(\frac{P}{1-P}\right) = \alpha + \sum_{i=1}^{n} \beta_i X_i + \mu$$

式中：Y 为消费者对食用菌产品的购买行为，X_i 表示影响消费者购买食用菌产品的因素，P 表示消费者购买食用菌行为的概率，α 为常数项，β_i 表示为 X_i 的回归系数，μ 表示随机误差。

4. 对比分析方法及系统分析方法

在理论分析与实证分析的基础上，运用对比分析及系统分析方法总结国外发达国家在食用菌产业发展的特点、流通及贸易情况，了解国外食用菌产业的发展情况，对上海食用菌产业的发展提出更有前瞻性、可借鉴性的发展建议。

二、数据来源

本书的数据主要来源于联合国粮农组织网站、中国产业信息网数据整理、中国食用菌商务网数据整理、联合国商品与贸易统计数据库、中国食用菌协会历年统计数据、中国食用菌年鉴、中国农产品加工业年鉴；上海市统计年鉴、上海市郊区统计年鉴、上海市食用菌生产年度统计；上海消费者的问卷调查数据等。

第二章

上海食用菌产业：
光辉历程及作用贡献

第一节　上海食用菌产业发展历程回顾

上海的食用菌生产与科学研究有着辉煌的历史，上海在中国食用菌产业发展、食用菌科学技术研究中具有重要的地位，做出了重要的贡献。上海的食用菌生产始于1935年，曾成功栽培出全国首批双孢蘑菇，生产出首个蘑菇罐头，并出口了首批蘑菇产品，建立了全国首个食用菌研究所。从20世纪50年代起，上海食用菌研究领域获得的一大批科研成果，有力推动了上海乃至全国食用菌产业的发展。20世纪50—80年代，食用菌曾是上海农业出口创汇的拳头产品。1978年改革开放以来，上海食用菌产业及科学研究迎来了全新的发展机遇。经过40多年的发展与积累，上海食用菌产业在2010年以后进入了高速发展期。随着农业产业结构的调整、消费需求的变化、农业发展模式的演变，食用菌产业呈现出良好的发展势头，因其不与人争粮、不与粮争地、不与地争肥、不与农争时、不与其他行业争资源的特点，食用菌产业在上海都市现代绿色农业发展中发挥着重要而独特的作用。食用菌产业发展为消费者提供健康、优质、丰富的食用菌产品，丰富了老百姓的菜篮子、饭桌子。

上海具有市场、资金、人才、技术等方面的优势及良好的社会、经济发展水平，为上海食用菌产业过去40多年的发展壮大创造了有利的条件。上海食用菌产业在技术、资金、人才、管理、市场上都有较强的竞争优势，并在全国食用菌产业的发展中起着引领、示范的作用。上海食用菌科研领域一代代科研人员创造的科研成果为上海食用菌产业的发展提供了强有力的支撑。上海市农业科学院食用菌研究所作为中国建制最早的食用菌专业研究所，在食用菌纯菌种制备、杂交育种理论及技术开发、野生食用菌人工栽培技术开发，以及代料栽培理论和技术研发、工厂化生产等方面，均做出了里程碑式贡献，有力推动了上海乃至中国食用菌产业的健康发展。

回顾上海食用菌产业发展的历程，总结过去，展望未来，更好地探索上海食用菌产业未来可持续发展之路。整体而言，上海食用菌产业发展的历程可大致划分为萌芽期（1843—1949年）、起步期（1950—1977年）、成长期（1978—1999年）和快速发展期（2000—2018年）4个阶段。

一、萌芽期（1843—1949 年）

1843 年，上海作为"五口通商"的口岸之一正式开埠，10 年之后，上海成为中国最大的中心枢纽港。在近代上海对外贸易的货品榜单中，食用菌也是重要的进出口货类。根据中国旧海关"年度进出口贸易册"进出口货物清单统计，1859 年上海口岸全年食用菌进出口货品（包含对外国际贸易和对内埠际贸易）总量达到 252 539.5 斤[①]，贸易总额达到 64 030.2 两[②]。1860 年上半年上海口岸进出口食用菌货品总量为 205 076 斤，贸易总额为 49 817.3 两。1861 年全年，食用菌进出口货品总量达到 360 964 斤，贸易总额达到 77 050.9 两，远远超出了名列中国第二大港的广州港。由此可见，当时的上海口岸承担了全国菌类货品大部分的进出口交易量。

在菌类货品的国内贸易中，上海口岸的作用也是其他省埠难以望其项背的。根据旧海关档案资料，1936 年上海与国内 20 余个口岸之间的埠际贸易量：茯苓占全国埠际总交易额的 21.7%；黑木耳占全国埠际总交易额的 36.9%；香菇占全国埠际总交易额的 35.8%。由此可见，上海在当时的菌类货品贸易流通和集散运转中具有非常重要的地位。

上海开埠后万商云集，移民日增，城市人口剧增、餐饮业蓬勃发展催生了巨大的消费需求。各种地方特色的菜肴竞相来沪献技，争一席之地，"上海菜馆林立，一日之间，菜馆和居家所需之菇菌，其量可观"。从清末至 20 世纪 40 年代，上海曾有专营素菜馆和佛门寺院素斋上百家。规模最大、素食品种最多的是功德林蔬食处，食材常选用各种山珍菌类，如"炒鳝糊"，用上等冬菇，剪成鳝鱼条状，拌菱粉油炸，再浇以热油，清香美味，滑润爽口。

西餐的风行将双孢蘑菇的消费引入了上海。据统计，至 1937 年，上海先后开出的西菜馆达到了 200 多家，不仅为来自世界各地的外籍人士提供服务，还吸引了大批本地食客前来品尝。欧美人喜食蘑菇，在法、意、英、德、俄等餐食中，双孢蘑菇都是基本的食材配置，但当时国内并无此双孢蘑菇栽培，因此需要从国外大量进口。

上海也一直引领着食用菌消费习惯，随着菌类的滋补养生功效为更多的民众所认识，许多富裕人家常用银耳、虫草等名贵珍稀菌类作成药膳服食，菌类消费

---

① 1 斤 =500 克，全书同。
② 两指旧时银两。

的兴起促进了菌类的贸易和流通。19世纪中叶,上海南市里咸瓜街一带已是远近闻名的参茸银耳集散地,大中小商行店铺多达40余家。民国时期,上海更发展成为全国银耳的市场总汇和消费大埠。国内银耳主产区的四川通江、万源和贵州遵义的货源,都通过各种渠道销往上海。不少产区的销售商还直接在上海的热闹街区开设专售银耳的商店,如"金利成银耳庄""蜀丰银耳庄"(后改名庆丰泰银耳庄)、"四川太平银耳庄"等。

甲午战败后,国内爱国有识之士重新审视救亡图存之路,领悟到强国之策不单要有坚船利炮,还必须在工业、农业、科学技术以及教育方面进行综合性的改革。农业是工商业发展的前提和基础,兴农富国是一条必由之路。于是求新知、倡新学,介绍引进东西方先进农业技术便成为众多知识界人士的热衷之举。1897年上海成立农学会,发行《农学报》,翻译刊载了大量近代东西方农学专著和报刊文章,介绍欧美、日本等国的农业发展情况及近代农业科技成果。其中有关食用菌方面的译著文章有20余篇。其中较为重要的有两本,一本是美国人威廉姆·法尔康尼(William Falconer)的《家菌长养法》,该书详细介绍了西方栽培双孢蘑菇的各个工艺环节,包括当时流行的法国片状菌种和英国砖状菌种的方法,反映了19世纪末欧美栽培双孢蘑菇的科学技术水平。还有一篇是日本人本间小左工门所著的《蕈种栽培法》,内容涉及香菇、木耳、金针菇等8种菇菌的栽培方法,反映了19世纪末日本栽培蕈类的技术水平。这些书刊文章,对于丰富国人对近代农业科技的认识、促进实业兴办和商品生产,无疑有着十分积极的意义。真菌理论知识与食用菌栽培新法的启蒙、传播,不仅为我国食用菌生产从经验农学向实验农学、从传统栽培向新法栽培的转变提供了理论上、实验上、技术上的准备,也为我国食用菌近代生产体系的建立奠定了初步基础。

在巨大市场需求以及近代科技输入的双重推动下,上海成为国内最早尝试采用新法栽培双孢蘑菇并最终成功实现商业化规模生产的地区。有资料表明,至少在1919年,上海就有人开始仿照西法栽培双孢蘑菇。1925年,上海市郊出现日本人经营的小型蘑菇种植场,消费对象主要是外国侨民。后来一些中国人也快速跟进投资,开设出一批中小型蘑菇农场。1934年上海有2家蘑菇农场成立,1937年上半年迅速增加到10家。1937年"八一三"淞沪会战发生,处于华界的各菇场均遭损毁。1941年又恢复扩大到11家,1949年上海解放时有10家农场在生产经营,其中较知名的有大华农场、中美农场、华美农场、大厦农场、星光农场等。当时蘑菇产量少,产品大多销售给居住在上海的外国侨民,价格高,500克鲜蘑菇可换2.5斗(18.75千克)大米。

这些蘑菇农场大都采用商品生产方式,租地生产,雇用工人。产品以市场供应为目的,不再含有供生产者及家庭成员直接消费的自给性生产成分。这些蘑菇农场也具备了一定的经营规模,如开办于徐家汇宛平路附近的中美农场,其"占地颇广,约有十亩,场作方形"。1942年重建的大华农场,"全部菇菌播种之总面积,有一万方呎,广场中之全部设备,若以目前市价计之当需五万之钜"。在蘑菇生产技术上,完全学习模仿欧美的新法,菌种主要购买进口的法国菌种,栽培基质采用马粪和稻麦秸配方堆置,一次发酵。栽培方式为床架式栽培,培养料进房后采用硫黄熏蒸。每平方尺①出菇可达到2磅水平(相当于每平方米9.7千克),在当时来讲,已经接近欧美水平了。

上海不仅是国内最早采用新法栽培双孢蘑菇的开始地,而且也是国内最早采用食品罐藏技术进行食用菌产后加工的发端口。1906年南洋华侨、实业家王拨如先生在苏州河边小沙渡购地建屋,置备机器,创设了国内第一家罐藏食品的生产企业——泰丰罐头食品厂,在其生产的100多个产品中,就有"素鲜蘑菇"和"素鲜冬菇"等菌类罐头。

二、起步期(1950—1977年)

中华人民共和国成立后,在20世纪50年代初,上海市郊的食用菌生产只有双孢蘑菇一种,有中美、大华、大厦、华美等10个私人经营的生产双孢蘑菇的农场,栽培面积9 000平方米,年产鲜菇仅有15吨。1956年农业合作化运动进入高潮后,在近郊明星、曙光、努力、先锋4个高级社建立集体的双孢蘑菇生产试验点,每平方米双孢蘑菇产量提高至4.5千克以上。1958年,市郊双孢蘑菇栽培面积超过1.1万平方米,集中分布在近郊地区。

20世纪50年代初开始,上海市农业科学院食用菌研究所首任所长陈梅朋率领团队开始试验栽培香菇、双孢蘑菇、银耳等食用菌。1956年,科研人员成功研制了香菇木屑菌种,并在浙江、江西等省进行香菇纯菌种椴木栽培试验,随后将香菇椴木接种栽培新技术在我国各地广泛传播。

20世纪50年代末60年代初,陈梅朋等农科人员在双孢蘑菇生产技术上实现突破。分离出纯菌丝能自己生产双孢蘑菇菌种,解决了依赖进口菌种的问题;用猪牛粪替代马粪栽培双孢蘑菇,解决了培养料就地取材的问题,由此推动了上海市郊双孢蘑菇生产的快速发展。到1966年,双孢蘑菇栽培面积发展至50万平方米,比中华人民共和国成立初期增长近50倍;鲜菇年产量1 486吨,增长近100

---

① 1平方尺≈0.09平方米,全书同。

倍。双孢蘑菇的种植区域由近郊扩大到松江、金山、青浦、奉贤等远郊县。1960年，陈梅朋等食用菌科研人员采用木屑代替椴木栽培香菇获得成功，实现了香菇人工栽培史上的第二次飞跃——袋料栽培，为我国成为世界香菇生产大国奠定了坚实基础。平菇、草菇、银耳、灵芝、猴头菇等的制种和栽培技术也取得了突破，开始应用于生产。但由于产量低、销路差等原因，未大面积推广。

在市郊双孢蘑菇生产规模不断扩大的同时，上海在食用菌加工领域实现了突破，生产出国内首批蘑菇罐头。1957年，上海梅林罐头食品厂首先研制双孢蘑菇罐藏，1958年开始投入生产，并以梅林牌蘑菇罐头首次进入国际市场。随后相继有上海泰康食品厂、上海益民食品一厂等加工双孢蘑菇罐头。20世纪70年代全市建起41个盐水蘑菇加工厂，年产盐水蘑菇约5 000吨，其中南汇县是生产盐水蘑菇最多的一个县。进入70年代，得益于外贸出口的需要，上海市郊双孢蘑菇生产获得大规模发展的机遇。1973年，双孢蘑菇栽培面积发展至144万平方米，年产鲜菇5 990吨，加工成双孢蘑菇罐头出口5 000余吨。在1974年，在"左"倾错误影响下，把发展双孢蘑菇生产作为"资本主义尾巴"来批判，使食用菌生产大幅度下降。至1977年，双孢蘑菇栽培面积下降至85万平方米，鲜菇产量仅有3 665吨，均比1973年减少约40%。

在此发展阶段，食用菌科研领域的科技进步、研究成果推动了上海食用菌产业进入起步发展的阶段。1956年，陈梅朋等科研人员在双孢蘑菇生产技术上实现突破，推动了上海市郊双孢蘑菇生产的快速发展。1960年，上海市农业科学院食用菌研究所建立后，对蘑菇生产中存在的问题进行广泛深入研究。在病害防治方面，首次提出了用50%多菌灵防治蘑菇粉孢霉的危害。在蘑菇栽培方面，试验成功"培养料二次发酵"，并与生产部门合作，试验开创"河泥砻糠覆土技术""无粪堆料方法"。在菌种选育方面，成功地获得"152""111""176"菌株。这些研究项目获得成功，对市郊乃至全国蘑菇生产起到了重要推动作用。1961年，获得银耳纯菌丝，这是我国首次获得的银耳生产纯菌种。1974年，上海市农业科学院食用菌研究所何园素、王曰英筛选出适合木屑栽培的香菇菌株"7402"，不仅在市郊推广，还成为全国香菇生产的当家品种。1977年，上海市农业科学院食用菌研究所科研人员首创了锯木屑菌丝体压块栽培香菇技术并取得成功，每平方尺收获0.75千克鲜菇，大大提高了生物学效率。该技术在全国大面积推广，使得广大山区农民和城市郊区的农民、居民都能从事香菇生产。此外，在70年代，上海市农业科学院食用菌研究所科研人员成功获得茯苓、灵芝的纯菌种。

三、成长期（1978—1999年）

1978年，我国实行改革开放政策以后，上海食用菌产业发展迎来新的发展局面，呈现勃勃生机。市民消费水平的提升，食用菌出口需求的增加，农村家庭联产承包生产责任制的推行，调动了市郊农户种菇的积极性。

1979年9月，上海市农业局食用菌菌种站建立。随后，市郊各县（区）也先后建立食用菌技术推广站。至1990年，上海、嘉定、宝山、南汇、奉贤、松江、金山、崇明8个县（区）建立了食用菌推广站。部分食用菌生产量较大的乡，亦建立食用菌服务站。这样就形成了以市菌种站为中心的市、县、乡三级选种和供种体系。市、县两级菌种站提供母种，乡一级菌种厂提供原种和栽培种，村级菌种厂生产栽培种。生产主管部门根据当年的生产任务，对各菌种厂实行定菌种、定数量、定质量、定时间的管理制度，做到质量有保证、供种有计划，提高了菌种质量，促进了本市双孢蘑菇、香菇、草菇等生产。

同时，改革开放以后，上海市农业科学院食用菌研究所等科研院所、上海市农业局等管理单位加强了与国外的交流与合作。1979年，香港中文大学张树庭教授从法国帮助中国引进双孢蘑菇高产菌株"176"菌种。1984年，上海市农业科学院食用菌研究所通过美国菌株保藏中心（ATCC）的钟顺昌博士，引进了双孢蘑菇杂交菌株152。1979年，从国外引进适合加工盐水蘑菇"葡萄型"双孢蘑菇，1981年，从波兰引进"索密塞尔–11"菌种，使得市郊双孢蘑菇生产的水平显著提高。1984年，双孢蘑菇栽培面积发展到469万平方米，每平方米产量提高到5.5千克，鲜菇产量24 540吨，总产值达5 338万元，双孢蘑菇生产达到历史最好水平。当年，各类双孢蘑菇加工品出口创汇2 650万美元。

20世纪80年代前期，市郊其他食用菌生产也获得较快发展。1983年，香菇栽培面积50万平方米，年产鲜香菇4 500吨。在平菇生产中推广采用纯棉籽壳加适量水在大床生料栽培的技术，简化了生产工艺，降低了生产成本，1983年平菇栽培面积16万平方米，产量近2 000吨。全面推广废棉和棉籽壳栽培草菇技术，南汇、松江、奉贤等县开始形成一定规模的草菇生产基地。金针菇、毛木耳等新的食用菌品种也相继开发。到20世纪80年代前期，上海市郊的食用菌生产已在10个县全面普及，嘉定的香菇、南汇的草菇成为上海著名的食用菌产业。到20世纪80年代中期，上海食用菌年生产面积近560万平方米，年产量近3万吨，年创汇达2 500余万美元，成为当时上海农副产品出口创汇的冠军。食用菌生产成为市郊农村副业生产的骨干项目，也为上海"菜篮子工程"建设、丰富市场供应做出了贡献。

在此发展阶段,上海食用菌科研和技术推广水平与能力不断提高,通过建立市县乡较为配套齐全的食用菌菌种繁育和管理体系、技术推广体系和生产管理协调体系,上海形成了较强的技术优势和服务网络,使得上海成为当时全国领先的食用菌科研基地和生产基地。以双孢蘑菇为例,1999年,上海市农业技术推广服务中心和嘉定区食用菌技术推广站借鉴山东九发食用菌有限公司双孢蘑菇培养发酵工艺,结合上海本地条件,在嘉定区建立了上海第一家双孢蘑菇培养料工厂化隧道式集中发酵技术基地,切草、翻堆配有切草机、装载机和抛料机等相应的设备进行全程的机械化操作,专业化生产培养料供应至市郊生产基地和农户,结合配套高产栽培技术的推广,实现培养料堆制发酵的规范化和标准化,提高双孢蘑菇的复种指数和单位面积产出率。同时,通过集中处理农村分散的污染源(粪肥、秸秆),极大地改善了农村栽培双孢蘑菇场所的环境,实现农业生态的良性循环,对实现农民增收、促进上海食用菌生产技术的进步具有积极意义。

改革开放初期到20世纪80年代中期,上海食用菌产业经历了由技术推广普及、市场需求增加带来的较为快速的发展之后,也经历了从80年代中期到90年代初期的发展低谷时期,随后经过90年代中期到90年代末期的产业结构调整,使得食用菌产业不断调整、蓄力,向产业升级转型发展。

在较长时期的计划经济体制下,上海食用菌产业的发展受到单一渠道、统一收购、统一价格、出口配额的制约。1985年,因前几年各地竞相出口食用菌,导致收购价格下跌;因农用物资提价,造成生产成本上升,以蘑菇为主的食用菌生产经济效益下降,不少菇农转产。上海市郊的食用菌生产出现滑坡,在1986年跌入低谷,蘑菇栽培面积和鲜菇产量,比1984年分别下降58.9%和51%。与此同时,随着国内人民生活水平的提高,食用菌作为保健食品受到市民的青睐,国内市场销售比重不断提高,到1990年,内销比例由70年代末期的10%上升到53%。由于本市食用菌消费的增加,从1987年起,市郊食用菌生产又逐渐回升。1989年,蘑菇栽培面积回升到404万平方米,总产量21 000吨,接近历史最高水平。但到1989年冬,美国停止从中国进口蘑菇,造成蘑菇产品滞销、难卖,翌年蘑菇栽培面积和产量比上年减少25%。

在20世纪90年代初期,市郊食用菌生产整体陷入低迷的发展状态,一是受美国停止从中国进口蘑菇的影响,食用菌外销不景气;二是福建、浙江等地生产的鲜菇大量涌入上海市场,竞争激烈,菇价下跌;三是上海市郊二三产业高速发展,种菇比较效益不高,菇农转产;四是市郊食用菌生产规模小而分散,难以形成规模效益,不利于科技进步,不利于提高商品率和经济效益,因此缺乏市场竞争能力。由此造成上海市郊以蘑菇、香菇、草菇为主的食用菌生产继续下滑。到1993年，蘑菇栽培面积仅剩89.6万平方米，鲜蘑菇产量5 539吨，仅为1989年的1/4左右；加上香菇、草菇等，全年食用菌总产量9 283吨，比1989年减少64.7%。

面对20世纪90年代初期上海食用菌产业发展面临的严峻形势，政府采取了推进技术进步、理顺价格关系、扩大内销比例等措施。上海市郊食用菌产业在转变经营方式、实行科技兴菇、拓展市场销路等方面做了努力。在经营方式上，菇农由分散兼业型的生产经营转变为规模化、专业化经营，规模型专业化生产的比重迅速提高到70%。这些规模经营的专业户（场），全部采用市、县（区）统一提供的优良菌种，两次发酵技术、优良培养料、新型覆土材料等新技术的覆盖率达90%左右，病虫综合防治普遍得到推广。上海市郊的食用菌产销已经形成"多品种搭配，周年性生产，四季有上市"的格局，上海食用菌产业发展开始逐步走向大市场、大流通、大竞争的局面。在市场销售上，南汇、嘉定等县（区）建立专业性的食用菌购销公司，出现了鲜菇交易市场。食用菌销售市场也出现了大转变，由以加工出口为主转为以鲜菇内销为主。1995年内销比重占到80%左右，1996年又上升至99%。上海市郊的食用菌生产，自1994年开始又出现了发展的态势，1996年食用菌鲜菇总产量比1993年增长77%，并趋向基本稳定。

在上海农业种植业结构的调整中，食用菌生产以其投资省、见效快、效益高的特点，在上海市郊迅速发展起来。同时，根据市场需求和食用菌产品特性，本市食用菌产业结构、产销格局得到进一步调整，一批以家庭为主的散户退出食用菌行业，一些有技术、有规模的食用菌企业慢慢发展壮大，逐步迈向规模化、产业化发展的道路。

在此发展阶段，上海在食用菌科研领域取得可喜成果。1985年，上海市农业科学院食用菌研究所完成的"香菇木屑栽培及良种选育"项目获得"国家科学技术进步奖三等奖"。木屑栽培成功，打破了香菇只能在山区生产的地域限制，扩大了原辅材料的来源，为我国成为世界香菇生产强国奠定了坚实基础。上海市农业科学院食用菌研究所在食用菌遗传育种等领域取得重大突破。潘迎捷研究员通过原生质体融合技术培育出优质高产香菇新菌种，在国际上首次提出以单核原生质体为食用菌育种材料的观点和理论，这是生物技术在食用菌育种研究中的重大突破，为原生质体融合技术在食用菌遗传育种上的应用开辟了新途径。1992年，上海市农业科学院食用菌研究所完成的"原生质体融合和无性繁殖技术在香菇育种上的应用及配套香菇新菌种选育"项目，被评为"国家科学技术进步奖三等奖"。

四、快速发展期（2000—2018 年）

进入 21 世纪后，随着农业结构调整和市场经济的不断推进，上海的食用菌生产发生了根本变化，由 20 世纪六七十年代发展起来的家庭式生产模式逐渐转向应用现代工业设备、设施，进行人工模拟食用菌生态环境技术的工厂化生产迅速发展。上海食用菌生产的设施化进程不断加快发展，食用菌设施化生产已推广至上海郊区的浦东新区、南汇区、奉贤区、嘉定区、青浦区、金山区。工厂化和蔬菜大棚生产食用菌已成为上海食用菌生产的一大特色。2001 年，上海郊区设施化食用菌鲜菇生产量为 8 000 吨以上，占上海郊区食用菌生产总量的 30% 以上。以奉贤区为例，2000 年以后，奉贤区食用菌生产实现了跨越式发展，实现了食用菌生产由小而分散兼业型向规模化、设施化、工厂化转变；常规品种向珍稀品种转变；生产多样化向标准化转变。奉贤区吸引了上海丰科生物科技有限公司、大山合食用菌公司、禾茂、友茂等 8 家工厂化生产企业，2006 年食用菌总产量占全市总产量 1/2，列上海市郊之首。

上海在 2000 年率先在国内开始食用菌工厂化栽培这种新的生产模式。20 世纪 90 年代末，上海浦东天厨菇业有限公司在学习借鉴日本、韩国食用菌工厂化生产经验的基础上率先建成了日产 6 吨的金针菇工厂化生产线，金针菇生产从培养料搅拌、装瓶、接种、搔菌、挖瓶全部实现机械化操作，发菌培养及出菇环境采用自动化控制，是国内首家实现金针菇工厂化、周年化生产的企业，2000 年 7 月实现了日产 2 吨的鲜菇规模。

随着瓶栽工艺、液体菌种技术的成功开发应用，食用菌工厂化生产逐渐投产，上海食用菌工厂化企业迅速发展，设施、技术在国内均处于领先水平。2000—2010 年，上海食用菌工厂化企业共有 7 家，总投资额达 25 亿元，日产量约 40 吨，食用菌工厂化企业主要分布在奉贤、南汇、青浦、闵行等区，工厂化生产的食用菌约占郊区食用菌生产总量的 70%。到 2010 年，上海市工厂化企业 10 家，食用菌工厂化生产规模已居全国之首。上海食用菌工厂化生产的设备、设施和技术在国内处于领先地位，一些品种的生产水平已接近或达到国外发达国家水平，上海食用菌生产已成为中国农业现代化的一个亮点。上海食用菌生产的迅速发展对推动国内食用菌生产的技术进步，促进农业废弃物的循环利用，促进上海的农业增效、农民增收发挥了积极作用。同时，上海市食用菌加工出口企业得到进一步发展，出现了上海高榕食品有限公司、上海益升食品有限公司、上海大山合集团有限公司、超大（上海）食用菌有限公司等食用菌出口企业，在国内外享有一定的知名度。

随着上海市民生活水平的不断提高，食用菌已成为市民菜篮子中一个不可缺少的品种。在2000年之前，上海老百姓能吃到的鲜菇品种只有金针菇、平菇、香菇、双孢蘑菇，从2001年开始，市场上开始出现茶树菇、秀珍菇鲜品，并随之销量大增。2005年之后，上海郊区出现大量秀珍菇及茶树菇生产基地，由福建菇农到上海郊区种植茶树菇、秀珍菇。随着上海食用菌产业的升级转型发展，市场上的食用菌种类更多样，生产促进消费，同时消费也促进生产。根据上海市场相关统计数字，2002年到2012年10年间，鲜品食用菌的市场增长率在20%左右。

2010年以后，上海食用菌工厂化生产企业蓬勃发展，食用菌工厂化企业的规模不断扩大，呈现出以工厂化生产为主、合作社生产为辅、传统的农户生产模式已基本退出历史舞台的局面。粗放的、简陋的、低效的生产方式正在逐渐萎缩，设施化、工厂化生产的比例逐年增加，目前已占全市食用菌总产量的80%左右。随着食用菌生产的迅速发展，食用菌种类不断丰富，从过去的双孢蘑菇、香菇、草菇、金针菇、平菇五大品种增加到真姬菇、蟹味菇、白玉菇、杏鲍菇、秀珍菇、茶树菇、长根菇等10多个品种，生产地区主要分布在奉贤、浦东、青浦等区，三个区食用菌产量占上海食用菌总产量的78.3%。

上海食用菌产业在2010年后经历了新一轮的产业结构调整，形成了雪榕、丰科、光明森源等食用菌工厂化龙头企业，这些企业以上海为菌种开发、技术研究的中心，近几年开始在全国其他地区投资建厂，进一步推动中国食用菌产业的发展。雪榕为全国最大的食用菌生产企业，当前日产能为1 140吨，其中金针菇960吨，作为国内金针菇工厂化龙头企业，自2009年开始实施全国布局战略，目前已在上海、四川都江堰、吉林长春、山东德州、广东惠州、贵州毕节建立了六大生产基地，同时甘肃临洮、泰国的生产基地也处于在建中。

食用菌科研领域的丰硕成果和科技支撑为本市及我国食用菌产业的快速发展发挥了重要的作用。上海市农业科学院食用菌研究所科研人员在食用菌科技创新、工厂化生产、精准扶贫等领域发挥积极作用。2006年，谭琦研究员带领团队首创"设施制棒生态出菇"模式，与上海大山合集团旗下公司合作，推动云南香菇产业提质增效，助力当地精准扶贫。2008年，潘迎捷研究员主持的"香菇育种新技术的建立与新品种选育"，获国家科学技术进步奖二等奖。该项目培育出了"申香8号""庆科20"等10个分属于秋冬菇型、中低温型和耐高温型的香菇新品种，形成了适合新品种栽培的生产模式和栽培技术。这10个品种覆盖率超过全国香菇用种的70%，累计推广130多亿袋，产值达到280多亿元，惠及广大菇农。自 2017 年起，谭琦研究员带领团队为位于国家级贫困县河南省卢氏县的河南金海生物科技有限公司提供技术支持，引领当地食用菌产业向工厂化、集约化、周年化、资源综合利用等模式升级。上海市农业科学院食用菌研究所科研人员成功攻克液体菌种的技术壁垒，实现香菇液体菌种的规模化应用，推动香菇传统栽培模式向工厂化生产模式发展，实现良好的经济、生态和社会效益。

近年来，上海食用菌产业在促进农业绿色发展、服务乡村振兴、促进产业兴旺中走出了一条对内带动、对外协作的新路径。市郊发展稻草栽培大球盖菇，利用大球盖菇降解稻草，发挥食用菌在利用农业废弃物、促进农业生态循环绿色发展中的重要作用。上海联中食用菌专业合作社建立乡村振兴示范基地、设立专家工作站，利用稻、麦秸秆和禽畜粪便等农业废弃物工厂化生产双孢蘑菇，并研究总结出以稻草为主要基质的培养料发酵技术、栽培品种筛选技术、栽培工艺精准控制的双孢蘑菇工厂化生产模式，把双孢蘑菇工厂化生产模式延伸到农户及合作社。

第二节 上海食用菌产业的地位和贡献

一、生产技术地位

上海以其技术、人才、资金、市场的优势，在政府的大力支持下，食用菌产业得到了健康快速发展，生产水平和效率处于国内领先地位。

1. 上海食用菌工厂化生产处于领先水平

近年来我国的食用菌工厂化产业发展迅速，上海食用菌工厂化生产已经成为生态高效农业的典范，其规模和技术水平处于国内领先水平。2019 年，上海食用菌工厂化生产总产量在 8 万吨左右，约占全市食用菌总产量的 85.4%，远远高于全国平均水平（2019 年全国食用菌工厂化产量占总产量在 8% 左右）。工厂化生产金针菇单产（480 克/瓶 1 200 毫升），人年均生产鲜菇量 44 吨，接近国际水平；液体菌种已在工厂化生产中成熟应用，技术在国内属领先水平。上海雪榕生物科技有限公司、上海丰科生物科技股份有限公司、上海光明森源生物科技有限公司已成为世界级规模企业，食用菌生产已形成企业、合作社为主体的产业格局。上海食用菌工厂化生产已成为上海都市型农业的一大特色。

2. 上海食用菌企业研发能力强劲

上海食用菌工厂化生产在发展的同时，企业和科研单位在品种研发和栽培技术工艺研究方面创新成果不断涌现。上海丰科生物科技有限公司先后成立了院士专家工作站、博士后试验站，2005年获得了上海市高新技术企业认定，已累计申请193项专利，其中食用菌新菌株发明专利7项。丰科选育出的纯白色真姬菇Finc-W-247，具有栽培周期短、单产高、口感好、营养丰富、保鲜期长等优点，2015年4月，"纯白色真姬菇菌株""纯白色真姬菇Finc-W-247的分子标记及其获得方法与应用"获得了国家知识产权局授权的发明专利。上海雪榕生物有限公司先后选育出了金针菇3号、雪榕金针菇8号、雪榕蟹味菇等多个品种，使公司生产的金针菇生物学转化率从100%提升至120%，并在世界上率先创新使用真姬菇液体菌种技术。

上海食用菌生产具有自主知识产权成果的不断涌现，对增强企业的活力和市场竞争力，加快企业与世界先进技术接轨的步伐具有积极意义。

3. 上海具有食用菌产业技术的人才、管理优势

上海市农业科学院食用菌研究所成立于1960年，是我国建所最早、科研体系最完备、研究水平领先的食用菌专业研究所，是"十二五"全国农业科研院所评比的百强所。食用菌研究所在我国的食用菌纯菌种制备、代料栽培技术创新、新品种创制、野生食用菌人工驯化等方面做出了里程碑式的贡献，奠定了我国食用菌发展的基础。

食用菌研究所现有职工85人，其中，一线科研人员80人，有国家百千万人才2人，享受国务院特殊津贴人才3人，农业部产业体系岗位专家2人，上海市领军人才5人，研究员16名，副研究员29名，博士36名，硕士36名。设置有遗传工程研究室、良种创新与繁育研究室、种质资源和栽培过程工程研究室、加工技术和发酵工程研究室及信息和产业经济研究室5个研究室。现拥有"国家食用菌工程技术研究中心""农业部南方食用菌资源利用重点实验室"等11个国家和上海市的科研平台，是"国家现代农业产业体系食用菌栽培功能实验室"和"上海市食用菌产业技术体系"的承担单位，是"国际组织世界食用菌生物学和产品学会"主席单位，也是中国农学会食用菌分会的依托单位。主持获得国家科技进步奖6项，获授权专利80多项，承担省部级科研项目330多项，编写专业著作20多部，发表学术论文1000多篇。获保健品批文6个，国家认定新品种19个，上海市认定品种76个。现在已与国外20多个国家和地区的大学、科研机构建立了紧密的合作关系。承担了科技部、农业部的食药用菌国际培训班,为世界各国特别是第三世界的国家培养食药用菌技术骨干。

4. 上海食用菌产业发展品牌和市场优势明显

当前,上海正围绕发展都市现代绿色农业,大力推进农业供给侧结构性改革,上海农业发展正逐步向"安全""健康""绿色"转变。作为拥有2 400多万常住人口的特大型国际化大都市,上海是农产品、食品消费的重要市场,适合销售丰富多样的食用菌产品,且上海作为重要的物流中心,市场流通效率高。规范化、标准化生产的推进和市场对食用菌产品的遴选,涌现了一批在国内外有影响的品牌,"雪榕生物""光明森源""超大食用菌""丰科生物""芳原生物""联中食用菌"等产品卖价明显高于市场同类产品,鲜菇出口欧美、东南亚,内销东北、中原、南方广州、深圳等,食用菌企业通过品牌助力,上海食用菌产品在国内有较高的竞争力,在国外也具有较高的知名度。

二、贡献

1. 生态贡献

如玉米、大麦秸秆、木头碎屑、动物粪便等可对生态造成污染的物质,此类物质普遍产量较大,可满足食用菌规模化栽培要求。通过研究发现,上述农业资源经过食用菌转化后,可以得到营养价值高的产品,同时可减少大量的粗纤维。经过食用菌处理的农业资源可以作为有机肥料直接还田,实现对资源循环利用,提高经济效益的同时,保护生态平衡。

2. 多功能拓展贡献

随着物质生活的提高,人们因为饮食问题而导致的健康问题屡见不鲜,越来越多的人对保健提出了更高的要求。食用菌作为一种高蛋白、低脂肪的保健食品,受到人们的喜爱,逐渐出现在人们的日常生活之中,使得人们饮食结构趋于健康。此外,食用菌中维生素的含量可显著增加人体免疫力。食用菌具有营养食用价值和药用保健作用,符合现代消费群体对健康养生的追求。立足特色鲜明的食用菌资源,深入挖掘食用菌产业的生态观光、旅游休闲、文化传承功能,有效融合食用菌产业与地方旅游产业,拓展食用菌产业链条。上海地区的一些企业、合作社开始开发食用菌相关休闲产业,如香菇、木耳等林下栽培,香菇、平菇类的菌棒栽培、食用菌采摘、食用菌家庭园艺等，也受到市民的广泛关注。

3. 对全国的带动贡献

上海食用菌产业在服务全国方面发挥了重要作用，特别是在扶贫产业的发展上，上海食用菌提供种源及技术支撑，通过投资建厂、技术服务、技术指导等多种形式引领食用菌产业从传统的一家一户作坊式生产向工厂化、集约化、周年化、资源综合利用等生产模式升级。上海市农业科学院食用菌研究所与山东七河生物科技股份有限公司合作成立世界上最前沿的菌种研发机构，培育菌种，帮助企业形成核心竞争力。如今，上海食用菌栽培技术和新品种的足迹遍及中国内地（除海南省外）的每一个省份。

第三章

上海食用菌产业：
产品结构及区域分布

第一节　上海食用菌产业发展现状

一、产业生产概况

从近几年的产量来看，上海食用菌产量呈下降趋势。2019年上海郊区食用菌鲜菇总产量8.3万吨，总产值6.9亿元，与2018年相比，总产量减少0.8万吨，减少了8.8%，总产值减少0.5万元，减少了6.8%。2018年上海郊区食用菌鲜菇总产量9.1万吨，总产值7.4亿元，与2017年相比，总产量减少1.7万吨，减少了15.7%，总产值减少0.4万元，减少了5.1%。整体上来看，上海食用菌鲜菇产量呈不断减少趋势，工厂化生产食用菌比例已经超过80%。2019年工厂化生产食用菌产量7.05万吨，占全市鲜菇总产量的84.9%，工厂化生产食用菌产值5.68亿元，占全市鲜菇总产值的82.3%。

上海市生产的食用菌菇类品种主要有金针菇、真姬菇、双孢蘑菇、香菇、秀珍菇、草菇、杏鲍菇、平菇类、木耳类等（表3–1、图3–1）。其中，2019年草菇产量1 151.1吨，比2018年产量增加379.2吨，增加了49.1%；杏鲍菇产量3 000吨，比2018年增加3 000吨；其余各主要菇类产量均有减少，双孢蘑菇、香菇、金针菇、秀珍菇、真姬菇与2018年相比，分别减少1 213吨、302.5吨、7 732.5吨、723.9吨、1 080.5吨，分别减少了12.6%、8.3%、20.8%、27%、3.7%。各菇类产值除草菇和杏鲍菇外，也均有不同程度的降低（表3–2、图3–2）。

表3–1　2010—2019年上海食用菌各菇类产量　　　　单位：吨

年份	双孢蘑菇	香菇	金针菇	秀珍菇	草菇	真姬菇	杏鲍菇
2010年	16 807.6	4 700.7	26 361.1	9 397.3	6 157.8	6 796.4	4 691.8
2011年	13 791.5	5 280.5	31 922.7	6 257.7	3 399.3	9 685	6 863.5
2012年	8 845.5	4 767	48 863.5	6 982.3	3 685	16 012	9 114.8
2013年	9 363.2	4 468	57 648	7 090	3 476.2	20 092	8 355.4
2014年	9 188.4	4 349.2	86 095.7	7 905.9	3 102.3	23 344	5 983.6
2015年	8 714.8	4 828.9	89 821	5 654	2 756	25 230	2 668
2016年	9 152	4 379.7	88 261	3 553.8	2 172.8	28 553	764
2017年	10 413.7	4 386.7	58 771	2 536.9	1 596	24 264	600

续表

年份	双孢蘑菇	香菇	金针菇	秀珍菇	草菇	真姬菇	杏鲍菇
2018年	9 639.5	3 661.5	37 114	2 682.1	771.9	29 308.5	—
2019年	8 426.5	3 359	29 381.5	1 958.2	1 151.1	28 228	3 000

资料来源：上海市农业技术推广服务中心统计。

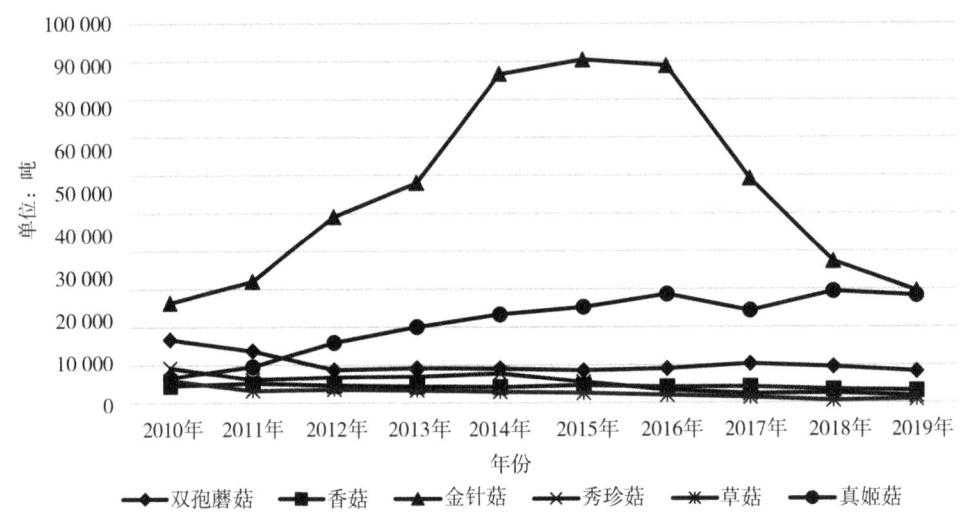

图3-1 上海食用菌各菇类产量
（资料来源：上海市农业技术推广服务中心统计）

表3-2 2010—2019年上海食用菌各菇类产值　　　　　　　　单位：万元

	双孢蘑菇	香菇	金针菇	秀珍菇	草菇	真姬菇	杏鲍菇
2010年	11 682.1	4 023.1	28 019.2	7 719.5	8 741	13 869.9	5 660.1
2011年	10 384	4 955.6	33 687.2	13 802	6 012.2	18 759	6 818.4
2012年	5 948.5	4 485.8	46 164.3	6 579.5	6 305.9	20 991.6	9 286.9
2013年	6 153.6	4 786.4	39 422	5 850.4	6 190.1	25 136	8 417.6
2014年	6 882.3	5 023.4	55 792.2	6 705.5	5 331.7	30 636	5 560.9
2015年	6 810.1	5 383.9	55 519	4 406.7	5 197.4	32 320	1 812
2016年	7 516.9	4 969.2	53 057	3 210.3	4 104.4	34 706.2	460
2017年	8 683.9	4 734.4	31 880	2 587.6	2 840.3	22 697	420
2018年	10 096.8	4 292.4	17 892	3 134.3	1 347.2	29 367.2	—
2019年	9 215.5	4 132	13 930.8	2 083.7	2 031.6	28 710	1 800

注："—"表示数据缺失。

资料来源：上海市农业技术推广服务中心统计。

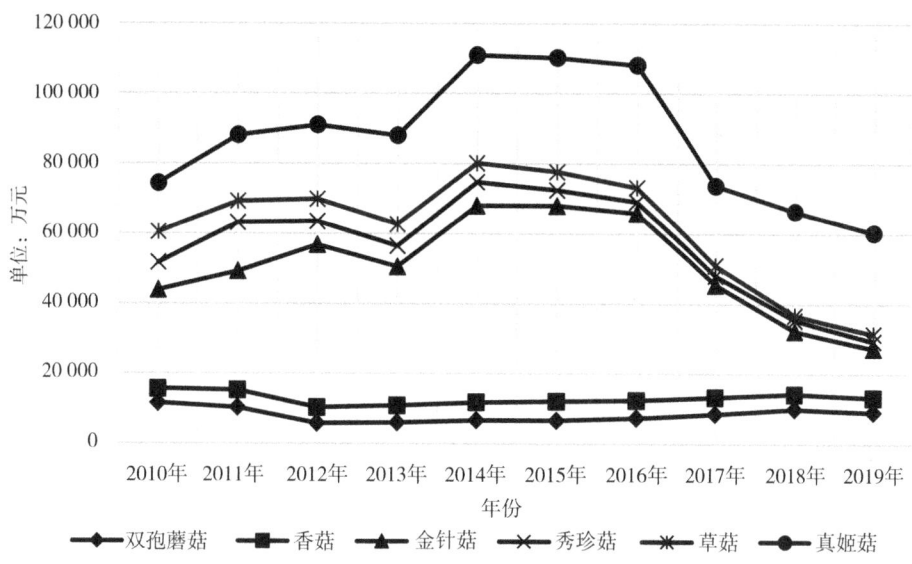

图 3-2 2010-2020 年上海食用菌各菇类产值
（资料来源：上海市农业技术推广服务中心统计）

二、产品结构情况

从食用菌产品结构来看，主要品种有金针菇、真姬菇、双孢蘑菇、香菇、秀珍菇、草菇、杏鲍菇、平菇类、木耳类、灰树花等。产量降低主要是受全国食用菌工厂化发展迅速（金针菇、杏鲍菇、蟹味菇、白玉菇等工厂化产品数量日益增加）、价格下跌等因素影响。2019年金针菇产量降低较为严重，比2018年减产20.8%；双孢蘑菇受毛竹菇房老化及工厂菇、外地菇的冲击，传统栽培方式产量减少1 297.1 吨，比 2018年减少了 39.4%。另外，上海有少量生产的药用菌，主要是绣球菌、灵芝、蛹虫草等，以干品统计产量，其中绣球菌 24 吨，产值 2 400 万元；灵芝及孢子粉 9.9 吨，产值 520.7 万元；蛹虫草 0.1 吨，产值 40 万元。

三、区域分布情况

上海种植食用菌的地区是主要是嘉定、宝山、浦东、奉贤、金山、青浦、崇明。从 2019 年上海食用菌的产量情况看，依次是奉贤（57 159.9 吨）、金山（13 032.4 吨）、浦东（9 577.8 吨）、青浦（1 140.8 吨）、宝山（1 086.2 吨）、崇明（561.9 吨）、嘉定（1.3 吨）。从产值分布情况来看奉贤（41 793.2 万元）、金山

（12 950.8 万元）、浦东（11 039.6 万元）、青浦（1 635.5 万元）、宝山（1 280.8 万元）、崇明（529.1 万元）、嘉定（3.5 万元）。从产量和产值来看奉贤和金山优势明显。从各品种产量区域排名来看，双孢蘑菇（金山、浦东、奉贤）、草菇（浦东、金山、奉贤）、金针菇（奉贤、青浦）、真姬菇（奉贤、浦东）、香菇（浦东、金山、青浦、崇明、宝山、奉贤）、秀珍菇（浦东、奉贤、青浦、宝山、金山）、杏鲍菇（金山）等是主要的生产品种（表3-3）。

表3-3　2019年分品种产量排名　　　　　　　　单位：吨

品种	双孢蘑菇	草菇	秀珍菇	香菇	杏鲍菇	金针菇	真姬菇
地区产量	金山（7 634.7）	浦东（792.0）	浦东（780.0）	浦东（1 285.0）	金山（3 000.0）	奉贤（29 273.0）	奉贤（25 728.0）
	浦东（703.8）	金山（204.1）	奉贤（586.9）	金山（1 038.8）		青浦（108.5）	浦东（2 500.0）
	奉贤（88.0）	奉贤（155.0）	青浦（282.6）	青浦（592.8）			
			宝山（257.2）	崇明（188.0）			
			金山（51.5）	宝山（145.4）			
				奉贤（109.0）			

资料来源：上海市农业技术推广服务中心统计。

四、生产模式情况

1. 工厂化生产比例上升，品种日益丰富

上海市食用菌生产主要以工厂化生产为主，食用菌工厂化生产企业6家，合作社4家，主要生产金针菇、真姬菇、双孢蘑菇、鹿茸菇等。2019年工厂化生产食用菌产量7.05万吨、占全市鲜菇总产量的84.9%，工厂化生产食用菌产值5.68亿元，占全市鲜菇总产值的82.3%。目前上海市食用菌工厂化生产主要有以下4个特点。

一是成熟工厂化生产菇类企业进一步调整，优胜劣汰明显。如金针菇工厂化生产，大的企业如雪榕生物、光明森源等逐渐显示出规模优势、技术优势以及市场优势，市场占据份额越来越大，但部分中小规模金针菇生产企业减产或被收购，益升若兰、三宝、源绿目前已停产，福茂也通过淡季停产来减少损失。由于结构调整，金针菇生产面积进一步减小，2019年产量29 381.5吨，比2018年产

量减少7 732.5吨，减少了20.8%。

二是杏鲍菇生产企业逐步退出市场，闽中、佳丰等食用菌生产主体因销售不佳已于2016年停产，剩下的唯一一家杏鲍菇工厂（贝安）也开始减产，探索新品种栽培和休闲农业模式。2019年上海市工厂化生产杏鲍菇产量3 000吨，产值达1 800万元。

三是双孢蘑菇工厂化生产发展迅速，联中专业合作社的双孢蘑菇工厂化生产日益成熟，目前正在建设三期菇房和三次发酵隧道。2019年上海市工厂化生产双孢蘑菇产量6 433.24吨，产值达7 795.3万元。

四是香菇工厂化生产也初具规模，上海盈辉农业发展有限公司于2015年投入生产，菌种、设备、技术均引自日本，目前香菇工厂化栽培的规模及设施化程度在全国领先。2019年上海市工厂化生产香菇产量1 208吨，产值1 812万元。

2. 工厂化生产食用菌企业规模大，在国内有较大影响力

目前，上海市食用菌生产呈现出以工厂化生产为主、合作社生产为辅的特点，传统的农户生产模式已基本退出历史舞台。究其原因，一是劳动力成本上升，劳动强度大，农户不愿意继续从事食用菌生产；二是土地资源紧缺以及郊区土地整体规划缺乏土地供给；三是传统栽培方式技术落后、设备老化、产量低、病虫害多等原因阻碍其发展。传统的栽培模式已不具备竞争力，已逐步被工厂化以及设施化栽培所代替。当前在上海市出现了一些企业规模大、综合实力雄厚、带动从业人数多、营业收入高、在全国有一定影响的食用菌生产销售企业（表3-4）。

表3-4 上海部分食用菌企业及其品牌

序号	企业名称	品牌	生产菇类品种
1	上海丰科生物科技股份有限公司	鲜菇道	蟹味菇、白玉菇
2	上海雪榕生物科技股份有限公司	雪榕/高榕	金针菇
3	上海高榕生物科技有限公司	雪榕	真姬菇
4	上海光明森源生物科技有限公司	九道菇	真姬菇、金针菇
5	芳源菇业	芳原	蟹味菇、白玉菇
6	上海颂菌生物科技有限公司	覃之源	鹿茸菇
7	上海诚营农业发展有限公司	健康都市	香菇
8	上海闽中有机食品有限公司	闽中	秀珍菇
9	永大（上海）食用菌有限公司	永大/珍菇园	秀珍菇、香菇、姬菇、灰树花

资料来源：上海市农业技术推广服务中心统计。

2019年1月，包括雪榕生物在内的国内5家公司成立了一家定位于菌种研发的合资公司（江苏和正生物科技有限公司），通过这种方式，加强各合资方食用菌菌种和种植技术的交流，从而进一步推动我国工厂化生产食用菌行业的发展。雪榕是我国产能最大的食用菌工厂化生产企业，当前日产能为1 140吨，其中金针菇960吨。

3. 林下栽培食用菌在试验摸索中悄然发展

上海的崇明三岛现有森林面积52.8万亩[①]，森林覆盖率已达30.05%，其地域面积广阔、森林覆盖率高的特点对发展林下食用菌产业十分有利。如崇明区建设镇林下食用菌产业基地已经熟练掌握林下套种鸡腿菇、香菇和黑木耳等技术，在原有香菇、黑木耳等传统品种基础上，尝试羊肚菌、大球盖菇等新品种种植。相较传统品种，羊肚菌和大球盖菇具有较好的营养价值和市场需求，产品附加值较高，并且生产规模正逐年扩大，经济效益日益显现，对林下产业的可持续性发展具有较好的促进作用。

4. 传统模式生产规模逐渐减小

双孢蘑菇、秀珍菇、香菇、草菇等传统菇类深入人心，秀珍菇、香菇、草菇等依然有明显的价格优势，但随着劳动力及原材料价格不断上涨，食用菌生产成本的增加，再加上传统菇类栽培模式较为落后，劳动强度大、产量不高且不够稳定，以及窝棚整治等地方性政策的影响，使得一些粗放、简陋、低效的食用菌生产方式正在加速淘汰（表3-5）。2019年双孢蘑菇产量1 993.3吨，与2018年相比有明显下降。秀珍菇、香菇、草菇产量分别为1 958.2吨、2 151吨、1 151.1吨，与2018年相比，秀珍菇下降了723.9吨，香菇和草菇略有增长，分别增加89.5吨、379.3吨（表3-6）。整体来看，上海市传统菇类的栽培需要更优质的品种及先进的技术和设施，产量在调整中呈下降趋势。

表3-5　食用菌工厂化生产与传统种植模式的对比

项目	传统农户	企业+传统农户	工厂化生产
用地规模	占地大	占地大	可立体化生产，节约用地量
技术水平	比较落后，无配置技术人员和设备	技术人员有一定的专业基础	专业的研发设备、科研团队和可持续性更新工艺和品种能力

[①] 1亩≈667平方米，1公顷=15亩。全书同。

续表

项目	传统农户	企业+传统农户	工厂化生产
生产条件	受限于自然环境；条件差	受限于自然环境；条件差	室内生产；通过自动化生产线提升生产效率、电脑化设备调控满足食用菌生长环境
产品	供应量少，良品率低	供应量较少，良品率较低	常年生产、供应量稳定，良品率高
生产成本	成本不高、波动大	成本不高、波动大	成本高、波动小，产量品质稳定
市场	受限于产地	覆盖邻近地区	覆盖周边省市，冷链运输

表3-6 2018—2019年主要传统菇类产量、产值及平均单价

年份	面积		产量（吨）		产值（万元）		平均单价（元/千克）	
	2019年	2018年	2019年	2018年	2019年	2018年	2019年	2018年
双孢蘑菇（万平方米）	19.6	31.6	1 993.3	3 290.4	1 420.2	2 308.7	7.1	7
秀珍菇（万袋）	497	681.6	1 958.2	2 682.1	2 083.7	3 134.3	10.6	11.7
香菇（万袋）	427.1	347.8	2 151	2 061.5	2 320	2 392.4	10.8	11.6
草菇［吨（投料）］	7 017	3 876.1	1 151.1	771.9	2 031.6	1 347.2	17.6	17.5
平菇、姬菇（万瓶）	515.3		3 133.2	2 447.5	2 676.2	2 092.4	8.5	8.5
大球盖菇［吨（投料）］	2 840.1	1 300	1 491.8	1 059.6	1 368.3	452.6	9.2	4.3

面积单位：双孢蘑菇：万平方米；金针菇、真姬菇：万瓶；秀珍菇、香菇：万袋；杏鲍菇：万袋、万瓶；草菇：吨（投料）。

资料来源：上海市农业技术推广服务中心统计。

五、食品安全管理情况

随着食用菌产业的迅猛发展，我国正从食用菌生产大国转变为食用菌消费大国。过去的10多年来，食用菌生产模式已从千家万户的手工作坊的传统生产方式逐步走向自动化、机械化、工厂化生产方式。食用菌工厂化生产规模迅速扩大，食用菌产品种类日益丰富。随着经济、社会的发展以及收入水平的提高，消费者对食用菌的品质和安全也提出了更高的要求。

在食用菌从菇房到餐桌整个产业链各个环节中，不同程度地存在一些食品安全的风险，如在食用菌人工栽培过程中，管理不当易发生杂菌感染和病虫害。在食用菌传统生产模式下，由于主要是由广大菇农来种植，生产规模小而分散，生产技术难以规范，产品质量安全难以得到有效保障。采用食用菌传统生产方式，在病虫害防治中，一定程度上仍会使用化学药剂，由于在食用菌上已登记的可选

药剂很少，导致菇农选择困难，因此可能会导致用药不当，给食用菌产品带来食品安全的隐患。

2010年后，上海市食用菌工厂化生产迅速发展，设施化、工厂化生产的食用菌的比例逐年增加，设施简陋、管理粗放、效率低下的传统生产方式逐渐萎缩。相比传统生产方式，采用食用菌工厂化生产模式，从原料、环境、生产、加工、分装及流通全程可控，从源头上最大限度地避免了病菌、虫害、环境污染对食用菌的侵害，确保了食用菌质量与安全，但在原材料采购、库存管理、食品流通等环节，食用菌产品仍可能受污染，带来食品安全风险。

一直以来，上海市委、市政府高度重视食品安全保障工作，按照"四个最严"要求，积极推进国家食品安全示范城市创建，全面建设市民满意的食品安全城市。在食用菌质量与安全管理方面，市区两级农业主管部门、市区两级农业技术推广部门、上海市蔬菜食用菌行业协会、上海市农业科学院等政府、技术推广机构及科研院所，在保障食用菌产品质量与安全方面发挥重要作用，通过政策引导、规章制度、标准化生产、科技创新等手段，不断加强食用菌食品安全管理力度，保障食用菌产品食品安全，上海市食用菌产业正逐步向安全、健康、绿色转变。

早在2001年，上海市质量技术监督局就发布了《安全卫生优质食用菌标准》，并于9月1日起正式实施。该标准包括《安全卫生优质食用菌生产技术操作规范》（DB31/T 259.2—2001）和《安全卫生优质食用菌》两个标准。前者对安全卫生优质食用菌生产和初加工过程中，所涉及的生产场地的选择、菌种和栽培的管理、病虫害的防治以及包装等各个环节的技术要求做了规定。后者则规定了安全卫生优质食用菌初级产品的技术要求、检验方法和检验规则等内容。标准的实施有利于规范本市食用菌行业生产质量和安全有保障的食用菌产品。

上海市食用菌企业始终把保障食品安全放在企业生产经营和管理的首要位置，在菌种选育、基料培养、灭菌瓶栽、无菌接种、低温栽培、净化育收、生物检测、保鲜包装、冷链物流等各环节严格把关，确保生产全过程洁净无污染，整个生产过程不使用农药、化肥和激素。雪榕生物以先进的生物工程育种、人工模拟生态环境、智能化控制、自动化机械作业进行生产，全程无需使用农药和化学添加剂，从源头确保食品安全，并通过完整的质量控制、品质保障及质量追溯体系，解决食用菌产品生产和流通环节的安全问题，污染率的控制水平处于同行业领先水平。雪榕食用菌产品实现了培植、采收、存储、包装、运输等各个环节标准化生产，实现全程可控、品质可追溯。光明森源采用国际最先进的自动化及智能化食用菌设备，利用计算机控制系统对食用菌生产过程中所需的温度、湿度、光照、通风等环境因子进行远程监控，实现了食用菌生产的智能化、标准化、精准化管理。公司通过 ISO 9001、2008 质量管理体系认证、绿色食品 A 级产品认证和 GAP 认证，为消费者提供安全、绿色、健康、优质的食用菌产品。丰科生物采用全自动生产工序，确保菌菇生产的安全和高效。丰科菌菇均通过 208 项农残检测无农残检出，获绿色食品认证。永大菌业拥有全套进口的食用菌工厂化生产流水线，实现从原材料进厂到产品上货架全过程标准化作业。公司通过 QS、ISO 22000 及 HACCP 食品安全质量体系认证，并严格实行履历追踪管理制度，实现产品从原料基地到市场终端全程质量监控。大山合集团旗下的襄阳大山健康食品有限公司，改变传统农业企业从广大农民手中收购"百家菇"的模式，从源头开始控制原材料的质量，专门在神农架林区购买适合栽培食用菌的林地，建立了可追溯、在线监控的原生态食用菌栽培基地。

市、区两级农业主管部门以及与食用菌产业相关的项目支持对上海市食用菌食品安全保障工作发挥重要的作用。如浦东农技中心对浦东新区地产食用菌开展区级食用菌年度例行监测，检测农药、重金属等有害物质。通过抽检了解本区地产食用菌产品质量安全状况，为指导食用菌种植户安全用药提供科学依据。上海一些食用菌合作社在标准园创建项目支持下，在产地、产品认证、标准化生产方面提高了认识及相关技术和管理的应用。如上海泽福食用菌种植专业合作社在青浦区市场监管局的指导下，合作社以标准化为手段，着力提升产品质量和管理效率，公司通过了国内外有机检测认证、质量管理体系认证。

上海于 2017 年开始实施上海食用菌产业技术体系建设，食用菌产业技术体系专业组鲜菇质量追溯和产业经济组，围绕食用菌从菇房到餐桌生产全过程，通过双孢蘑菇等食用菌质量追溯关键技术的集成和创新，生产档案、检测认证、流通储运等环节质量要素的电子信息数据库的建立，制定食用菌产品质量追溯技术规范，运用二维码等标识技术，实现产品质量信息的查询和监管，提升食用菌的质量安全水平和市场竞争力。专业组开展食用菌质量安全生产关键点的调研和研究，针对工厂化金针菇产品的质量安全问题，已形成《金针菇工厂化生产质量安全控制技术规范》。食用菌培养料和产品安全性的跟踪监测也是专业组的重要工作之一。专业组专家通过上门指导、课题讲座、现场会等形式组织生产标准的宣传和技术培训，有效提高食用菌生产经营者食品安全意识，并提升其在食品安全管理方面的知识和技能。

近年来，盒马鲜生、叮咚买菜等企业与本市食用菌企业、合作社在食用菌订单生产、产销对接方面加强合作，与食用菌生产企业、合作社共同发展。这些企业对食用菌产品质量和安全上具有较高的要求和标准，在提升本市食用菌产品的质量和安全方面也起着积极的作用。

六、品牌建设情况

20世纪90年代中后期，一些国内企业开始食用菌工厂化生产，于是诞生了一批食用菌工厂化品牌企业，包括上海丰科和天厨菇业。2010年以后，食用菌工厂化生产在国内迅猛发展，诞生了众多在食用菌行业内知名度较高的工厂化食用菌产品品牌，如雪榕生物、丰科生物等。食用菌产业发展进入到工厂化、规模化、现代化发展时期，企业的品牌意识进一步增强，品牌效应在提升市场竞争力方面影响力凸显。近年来，随着我国农业品牌化发展、农产品品牌建设步伐不断加快，食用菌行业品牌建设处于上升阶段。食用菌企业品牌和产品品牌建设，有助于提高优质食用菌产品的市场占有率和品牌美誉度，促进食用菌产品的消费，从而提升食用菌企业生产经营效益，促进食用菌产业发展。

过去的10多年里，大量资本进入食用菌工厂化生产领域，加上原有的食用菌工厂化生产企业快速扩充产能，伴随食用菌工厂化栽培产能的不断释放，国内食用菌市场的竞争更加激烈。面对激烈的市场竞争，本市食用菌企业不断优化产业结构，积极开拓市场，实施品牌发展战略，提升企业的知名度、产品的市场竞争力。同时，随着上海农业品牌化发展的深入推进，本市食用菌企业的品牌建设力度不断加强，涌现出了一批优秀品牌企业，取得了较好的经济效益和社会效益。根据上海蔬菜食用菌行业协会的调查，2013年本市共有51家食用菌企业及合作社，其中，注册商标的有36家，占全市食用菌企业总数的70.6%。

近年来，上海食用菌工厂化企业知名度和影响力不断提升，品牌效应显著。经过10多年大力推进食用菌工厂化、规模化、标准化生产，企业的品牌打造、市场的遴选，涌现了一批在国内外有影响的食用菌产品品牌，如"雪榕金针菇""丰科白玉菇""丰科蟹味菇""光明森源九道菇"，这些品牌食用菌产品市场售价明显高于市场同类产品，鲜菇出口欧美、东南亚国家，内销东北、中原、南方地区等，成为市场上受消费者青睐的产品。

丰科生物是目前国内最先进、最具有创新能力的珍稀食药用菌生产及研发企业，丰科蟹味菇被评为上海市创新产品、上海名牌产品、上海市质量金奖。丰科拥有国内外注册商标49枚，"FINC、丰科及蘑菇图形"商标被认定为上海市著名商标。丰科生物在独创的"9A"生态培植模式的基础上，进一步规范食用菌各个品种的培植、采收、包装、贮藏和运输等各个环节，打造丰科"鲜菇道"品牌"新鲜、安全、营养"的品牌核心价值观，生产的绿色食用菌产品得到消费者青睐。"丰科"品牌珍稀食用菌获得了"上海市名牌产品""上海市著名商标"等系列荣誉，还被农业部评为"中国名牌农产品"，是我国食用菌行业最早获此殊荣的产品。上海丰科生物企业也被评为"全国食用菌行业最具影响力企业"。

雪榕生物是我国产能最大的食用菌工厂化生产企业，在全国布局、产能扩张的情况下，公司产品的品牌知名度也得到了迅速提升。2002年，公司被授予"农业产业化国家重点龙头企业"。2014年，公司被评为"2014年度上海名牌"，并获第七届"中国国际农产品交易会"金奖。2012年8月，公司正式与中国航天基金会签约，成为中国航天事业合作伙伴。近年来，雪榕生物积极实施品牌发展战略，加大品牌推广力度，以品牌包装（小包装）为着力点，强化雪榕品牌显示度，通过线上、线下双线驱动，雪榕品牌力显著增强，有效地提升品牌知名度和影响力，构筑产品的溢价基础。结合品牌推广，全面开展新营销，赋予雪榕品牌新内涵。通过普及菌菇烹饪方法、培养家庭消费场景、培育消费市场需求，进一步提升品牌的美誉度和影响力。

大山合集团已形成农产品、调味品、休闲零食、保健养生四大主品类1 000多SKU产品群，树立了四大品牌：集团品牌"大山合"、健康调味品"太然"、健康休闲零食"三个姑娘"和保健养生"大山怡生"。"大山合"牌"精制干香菇""香菇酱"被评为"湖北名牌""荆楚名牌"产品。

七、食用菌产业技术体系

上海自2017年启动上海市食用菌产业技术体系建设，以不同学科专业组、综合试验站以及技术示范点的方式实现食用菌上、中、下游联结和多学科融合，在稳定持续的科技兴农项目等资金的资助下，各类科技力量从生产中凝练科技任务，加快食用菌产业技术研发，形成全程技术研发解决方案，推动研究成果快速落地。这种独特的组织构架和运行方式，有效实现了科技力量与全产业链的联结。

上海市食用菌产业技术体系围绕上海食用菌生产利用农业废弃物（秸秆、畜禽粪便）发展草腐菌（双孢蘑菇、草菇）优势的特点需求，以及金针菇、真姬菇工厂化生产技术国内领先的标杆，整合科研、企业、推广等有关农业科技优势资源，进行关键技术和共性技术的创新、集成、试验研究和示范推广。建设从研发到生产、从生产到市场、从产地到餐桌各个环节紧密衔接、环环相扣，服务上海农业发展目标的现代食用菌产业技术体系，增强上海食用菌产业科技自主创新能力，充分发挥食用菌在农业生态循环中的重要作用，提升食用菌综合效益和竞争力，保持上海食用菌工厂化生产技术在国内领先的标杆和引领作用。

上海市食用菌产业技术体系首席由上海市农业科学院食用菌研究所黄建春研究员担任，共设7个专业组和8个试验站。7个专业组分别是双孢蘑菇培养料发酵和栽培技术示范推广、金针菇品种选育与示范推广、香菇品种选育与示范推广、真姬菇品种选育与示范推广、农林废弃物循环利用、保鲜技术、质量追溯与产业经济。8个试验站分别是崇明建设镇综合试验站、上海大学农林废弃物循环利用综合试验站、浦东范顺综合试验站、奉贤庄行综合试验站、奉贤雪榕综合试验站、奉贤丰科综合试验站、金山云峭综合试验站、金山联中综合试验站。

上海市食用菌产业技术创新团队的职责是全面组织协调上海市食用菌产业技术体系建设，制定上海市食用菌产业技术发展规划，组织实施上海市食用菌产业科技计划，组织协调各专业组的研究、各综合试验站的试验与示范，以及科技示范点的成果转化、展示示范和技术培训，组织召开上海市食用菌产业科技发展研讨会。上海食用菌产业技术体系加强体系内各单位的"协同与协作"，很好地实现"产、学、研、推、用"的结合，对于促进食用菌产业的发展、提升食用菌的整体技术研发能力和水平有重要推动作用。

第二节　上海食用菌产业发展特点分析

一、食用菌产业的工厂化发展趋势

随着生产成本的升高和激烈的市场竞争，传统生产模式的食用菌企业纷纷向工厂化方向转型发展。自2000年以来，上海食用菌研发、生产已成为中国农业现代化发展进程中的一个重要亮点，食用菌种源、设备、设施和技术均处于国内领先地位，一些品种的生产水平已接近或达到发达国家水平。据统计，2019年上海食用菌工厂化生产总产量7.05万吨，约占全市食用菌总产量的84.9%，占全国总产量的2.1%。上海光明森源和上海丰科在食用菌工厂化菌种源选育方面走在全国前列，其中上海光明森源金针菇工厂化生产已全部采用具有自主知识产权的品种，其选育的金针菇品种在2019年累计生产鲜菇5.4万吨，产值2.24亿元。上海雪榕生物科技股份有限公司作为全国食用菌生产的龙头企业，在金针菇和真姬菇工厂化水准已达到世界领先水平，其在食用菌自动化采收环节取得重要突破。由上海市自主研发的智能采收机器人在金针菇、真姬菇生产机收效率达到4 000

瓶/时，采收成功率达 98%，菇体损伤率不高于 1%，实现了食用菌生产"机器换人"，节约了大量人力成本，提升了工作效率。食用菌工厂化生产因"不与粮争地、不与地争肥、不与其他行业争资源"的特点，在上海都市现代绿色农业发展中发挥重要作用。

上海食用菌工厂化生产在发展的同时，企业和科研单位在品种研发和栽培技术工艺方面创新成果不断涌现。上海丰科生物科技有限公司自主培育的系列品种，在国内市场上有很高的占有率。"丰科"在布局全国基地过程中，逐渐提升设施水平和生产工艺，并准备建设无人智能化工厂，通过技术创新引领产业发展。

二、食用菌产业具有较强的研发能力

近年来，上海食用菌科研人员不断探索食用菌新技术、生产模式的创新发展，立足上海，科技服务全国。自 2017 年起，谭琦研究员带领团队为河南金海生物科技有限公司（位于国家级贫困县河南省卢氏县）提供技术支持，引领食用菌产业从传统的一家一户作坊式生产向工厂化、集约化、周年化、资源综合利用等生产模式转型升级。双孢蘑菇工厂化生产发展迅速，上海联中食用菌专业合作社的双孢蘑菇工厂化已投入使用，引进荷兰食用菌栽培技术，工厂化生产双孢蘑菇产量占全市总产量的 45.3%，比 2015 年增加 15.3%。

三、品种结构不断优化

随着食用菌生产的迅速发展，食用菌品种规模也在不断扩大，从过去的双孢蘑菇、香菇、草菇、金针菇、平菇五大品种增加到目前的真姬菇、蟹味菇、白玉菇、杏鲍菇、秀珍菇等多个品种。涌现了一批在国内外有影响的品牌，雪榕"金针菇"、天厨"金针菇"、丰科"蟹味菇"、芳原菇业"蟹味菇"等产品卖价明显高于市场同类产品，鲜菇出口欧美、东南亚，内销东北、中原、南方广州、深圳等。粗放的、简陋的、低效的生产方式正在逐渐萎缩，设施化、工厂化生产的比例逐年增加，目前已占全市食用菌总产量的 80% 以上。另外秀珍菇、双孢蘑菇等设施化规模也在大幅度增加，食用菌品种结构进一步优化。

四、食用菌产业链不断延伸

近几年，随着人们生活水平的提高，对农业观光休闲旅游的需求越来越多。

为适应城市人群节假日的消费需求，结合食用菌品种丰富、栽培形式多样及栽培环境生态绿色的特点，上海地区的企业、合作社开始开发食用菌相关休闲产业，延伸产业链，如林下栽培木耳、香菇，香菇、平菇类的活体菌棒及食用菌采摘、食用菌家庭园艺等。2020年崇明区、浦东新区、青浦区等区探索在绿化林地、葡萄园内栽培菌菇，种植灵芝，利用林地栽培大球盖菇，由于管理比较得当，长势和产量都达到了预期效果。由于食用菌具有鲜味足、口感丰富、蛋白质含量高等特点，因此具有更深层次的研发和应用空间。"雪榕"一直致力于为消费者提供安全、无污染、高营养的食用菌产品，2020年先后与北京未食达科技有限公司、爱逸（厦门）食品科技有限公司、a1零食研究所等合作，开发食用菌休闲食品及其延伸产品，探索和布局食用菌精深加工以及食品科技领域。上海乔稼农产品专业合作社与上海鼎丰酿造食品有限公司合作，开发生产以食用菌为主料的酱产品等，拓展食用菌的产业链。

五、通过产业支援助力乡村振兴

上海食用菌企业充分发挥食用菌产业技术、人才、市场、资金、管理以及品牌等优势，采取投资建厂、技术推广等举措服务乡村振兴、推进产业扶贫工作。如上海雪榕生物科技股份有限公司在贵州省大方县、威宁县投资建设工厂化食用菌车间，培养当地"产业工人"，提高农民收入；上海光明森源生物科技有限公司在河北临西、贵州遵义等地投资近10亿元建厂，促进当地农民就业，增加其收入。此外，上海永大菌业有限公司、上海丰科生物科技股份有限公司、上海芳原菇业有限公司、上海大山合菌物科技股份有限公司等也纷纷在各地建立食用菌基地，促进当地劳动力就业。2006年，谭琦研究员团队首创"设施制棒生态出菇"模式，与上海大山合集团公司合作，利用当地地理优势和有利条件，对无法进行工厂化生产的大宗食用菌生产模式进行转型升级，推动当地食用菌产业提质增效，成为新一轮精准扶贫的重要方式。

此外，上海食用菌企业通过构建产销对接平台，帮助解决产品销售难题。上海大山合集团有限公司每年从河北等地采购近亿元香菇产品，从黑龙江等地采购几千万元木耳产品；上海塞翁福农业发展有限公司、上海闽龙实业有限公司等每年从全国各地采购近亿元各类食用菌产品，助力当地产业发展的同时，满足上海市场对食用菌需求。

第三节 食用菌产业的经营模式分析

虽然食用菌产业在我国起步较晚，基础相对薄弱，但发展速度迅猛，近30年间我国食用菌产量以年均15%的速度增长，目前产值在全国居于粮、棉、果、菜等后的第6位，生产方式先后经历了粗放式生产、设施化生产、工厂化生产的演变。但食用菌产业要素规模扩大的同时，组织规模没有同步提高，龙头企业、合作社、农户等经营主体分散经营，缺乏资源共享与信息交流，公司一体化、农户合作化经营水平较低，导致产品供求失衡的现象频繁出现，严重制约着产业更高水平的发展。食用菌产业作为我国现代农业重要组成部分，根据不同地区生产力水平、交易环境，结合食用菌自身属性，因地制宜选择合适的生产经营模式，培育壮大家庭农场、农民专业合作社、龙头企业等新型经营主体，对产业健康持续发展意义重大。

一、主要经营主体

目前食用菌产业的经营主体主要有三类：家庭经营、农民专业合作社、龙头企业。家庭经营，是指以农民家庭为相对独立的生产经营单位，以家庭劳动力为主从事的农业经营活动。农民专业合作社本质上属于企业范畴，特点是经营目标的双重性，即服务性和营利性的相统一。农民专业合作社是家庭经营基础上更高级的组织经营形式。目前上海市的食用菌经营主体以企业与合作社为主，比较知名的有上海雪榕、丰科、光明森源等食用菌生产企业品牌。

二、经营模式特征

市场交易费用经济学认为，影响产业经营组织形式的因素主要是市场交易费用问题，而市场交易费用主要由交易特性（有限理性、机会主义、资产专用性、不确定性、交易频率）决定，交易特性又与交易环境、农产品特性等联系在一起。上海在食用菌产业发展过程中，形成了"农户+市场""合作社/公司+农户+市场""龙头企业一体化经营"3种组织模式，按照威廉姆森的划分理论，分别体现古典契约关系、新古典契约关系、关系型契约关系等不同契约关系，其中"农户+市场"是经营组织形式的低级阶段，体现古典契约关系；"合作社/公司+

农户+市场"是较高的经营组织形式,体现新古典契约关系;"龙头企业一体化经营"是产业化经营组织的高级形式,体现关系型契约关系(表3-7)。

表3-7 经营组织形式的表现形式和特征

组织形式	性质	交易方式	市场形态	经营主体
农户+市场	短期通用性商品契约	交易对象随机	外部公共市场	家庭(农户)
合作社/公司+农户+市场	长期专用性商品契约	交易对象较为固定	外部私人市场	农民合作社/公司
龙头企业一体化经营	长期资本契约	交易对象固定	内部市场,要素市场	大型龙头企业

根据不同的种类食用菌产品特性选择最优组织模式,不同种类的食用菌交易特性区别主要体现在专业程度和交易不确定性两个方面,以香菇、双孢蘑菇、平菇、金针菇、杏鲍菇5种大宗食用菌为代表,通过栽培方式、场地需求、设备需求、产品加工率来估测交易费用,根据交易费用高低分析选择组织模式(表3-8)。

表3-8 不同种类食用菌的生产特性

种类	栽培方式	场地要求	设备要求	产品加工率	交易费用
香菇	代料或段木栽培	简易大棚	中	高	中
双孢蘑菇	发酵料栽培	菇房或车间	中	高	中高
平菇	代料栽培	简易大棚	低	低	低
金针菇	代料栽培	菇房或工厂化车间	中	中	中高
杏鲍菇	代料或瓶栽	工厂化车间	高	低	高

表3-8中,栽培方式、场地需求、设备要求反映资产专用性程度,产品加工率反映交易不确定性。分析结果显示,平菇交易成本最低,经营模式趋向于开放式市场交易,目前以"农户+市场"为主要组织经营模式;香菇消费群体大,加工率高,交易不确定性较低,市场交易成本居中,适宜采取组织化程度中等的"公司+农户"或"合作社+农户"模式;杏鲍菇主要采取工厂化生产,资产专用性较高,并且以鲜销为主,产品加工率较低,交易不确定性较高,整体交易费用最高,经营形式上适宜选择高度组织化的"龙头企业一体化经营"模式;金针菇、双孢蘑菇为代表的食用菌既可以采用简易设施化生产,也可以发展工厂化生产,交易费用中等或者较高,可采取"公司/合作社+农户"或"龙头企业一体化经营"模式。

案例一:"合作社/公司+农户"模式具体实施案例分析

上海金山廊下镇双孢蘑菇生产过程中,对"合作社+农户"模式的具体实行方式进行了深入探索和实践,采取"统分"生产经营方式,即合作社统一标准化生产菌包,农户分户种植管理。"统"的核心在于通过合作社规模化、标准化生产保证菌菇产品的质量;"分"的核心在于调动农户积极性,增加责任意识,充分发挥自身管理精细化、灵活化的优势,提高劳动产出率。

在金山廊下镇勇敢村,双孢蘑菇种植户陈明云共建蘑菇棚6个,每天产出2 000多千克蘑菇,日销售额超过2万元。据初步测算,2020年陈明云种的双孢蘑菇预计净利润会超过50万元。"一次投入500万元,年产出500万元,年净收入50万元"——陈明云正是廊下镇打造"蘑菇小镇"、探索"三五牌"致富模式的受益者之一。在前期投入的500万元中,农户只要自己掏150万元,其余则由政府给予扶持补贴。目前,这种模式已辐射带动5个种菇大户,接下来还将有3~4户被纳入种植计划。

三、产业结构及效益

1. 工厂化生产结构进一步调整

上海市食用菌生产逐步转变为工厂化生产模式,特别是双孢蘑菇的转变尤为明显。由于传统的模式种植双孢蘑菇的用工量大、成本较高,因此近几年双孢蘑菇工厂化步伐较快,2016年双孢蘑菇的产量是4 151.6吨,2019年增加到6 433.24吨,3年时间增长超过50%(表3-9)。由于竞争优势问题,其他品类的菌菇如金针菇、真姬菇、香菇等的生产企业寻求到外省市生产,采取"两头在内、中间在外"的模式,这些品种的生产不断压缩,使得面积及产量等均呈下降趋势。

表3-9 2016—2019年工厂化生产各菇类面积、产量、产值及平均单价

项目	年份	金针菇	真姬菇	双孢蘑菇	香菇	鹿茸菇	杏鲍菇
面积	2019年	7 756.5	13 949	22.5	300	1 030	600
	2018年	9 690	14 202	22	400	990	0
	2017年	15 164	10 342	19.2	456	—	100
	2016年	24 463	14 460.9	24.2	158	—	235
产量(吨)	2019年	29 381.5	28 228	6 433.24	1 208	2 261	3 000
	2018年	37 114	29 308.5	6 349.1	1 600	2 178	0
	2017年	58 744	24 264	5 356.8	2 050	—	300
	2016年	88 261	28 553	4 151.6	1 560	—	764

续表

项目	年份	金针菇	真姬菇	双孢蘑菇	香菇	鹿茸菇	杏鲍菇
产值（万元）	2019 年	13 930.8	28 710	7 795.3	1 812	2 713	1 800
	2018 年	17 892	29 367.2	7 788.1	1 900	3 267	0
	2017 年	31 858	22 697	5 184	2 100		180
	2016 年	53 057	34 626.2	3 993.5	1 600		460
平均单价（元/千克）	2019 年	4.7	10.2	12	15	12	6
	2018 年	4.8	10	12.3	11.9	15	0
	2017 年	5.4	9.4	9.7	10.2		6
	2016 年	6	12.2	9.6	10.3		6

面积单位：双孢蘑菇：万平方米；金针菇、真姬菇、鹿茸菇：万瓶；香菇、杏鲍菇：万袋。
资料来源：上海市农业技术推广服务中心统计。

2. 传统模式生产规模逐渐减小

双孢蘑菇、秀珍菇、香菇、草菇等传统菇类深入人心，秀珍菇、香菇、草菇等依然有明显的价格优势，但随着劳动力及原材料价格不断上涨，食用菌生产成本增加，再加上传统菇类栽培模式较为落后、劳动强度大、产量不高且不够稳定，以及窝棚整治等地方性政策，使得一些粗放、简陋、低效的生产方式正在加速淘汰。2019 年香菇、草菇、平菇/姬菇、大球盖菇产量分别为 2 151 吨、1 151.1 吨、3 133.2 吨、1 491.8 吨，与 2018 年相比，分别增加 89.5 吨、379.2 吨、685.7 吨、432.2 吨，增加了 4.3%、49.1%、28%、40.8%。双孢蘑菇、秀珍菇产量 1 993.3 吨、1 958.2 吨，与 2018 年相比，分别减少 1 297.1 吨、723.9 吨，减少了 39.4%、27%。上海市传统菇类的栽培急需更优质的品种及先进的技术和设施（表 3-10）。

表 3-10　2016—2019 年主要传统菇类产量、产值及平均单价

项目	年份	双孢蘑菇	秀珍菇	香菇	草菇	平菇、姬菇	大球盖菇
面积	2019 年	19.6	497	427.1	7 017	515.3	2 840.1
	2018 年	31.6	681.6	347.8	3 876.1		1 300
	2017 年	49.2	767.8	383.5	7 215		
	2016 年	51.7	751.4	404.2	9 720		

续表

项目	年份	双孢蘑菇	秀珍菇	香菇	草菇	平菇、姬菇	大球盖菇
产量（吨）	2019 年	1 993.3	1 958.2	2 151	1 151.1	3 133.2	1 491.8
	2018 年	3 290.4	2 682.1	2 061.5	771.9	2 447.5	1 059.6
	2017 年	5 056.9	2 536.9	2 336.7	1 596		
	2016 年	5 000.4	3 553.8	2 819.7	2 172.8		
产值（万元）	2019 年	1 420.2	2 083.7	2 320	2 031.6	2 676.2	1 368.3
	2018 年	2 308.7	3 134.3	2 392.4	1 347.2	2 092.4	452.6
	2017 年	3 499.9	2 587.6	2 634.4	2 840.3		
	2016 年	3 523.4	3 210.3	3 369.2	4 104.4		
平均单价（元/千克）	2019 年	7.1	10.6	10.8	17.6	8.5	9.2
	2018 年	7	11.7	11.6	17.5	8.5	4.3
	2017 年	6.9	10.2	11.3	17.8		
	2016 年	7	9	11.9	18.9		

面积单位：双孢蘑菇：万平方米；秀珍菇、香菇、平菇、姬菇：万袋；草菇：吨（投料）；大球盖菇：亩。
资料来源：上海市农业技术推广服务中心统计。

3. 效益空间逐步降低

2010—2019 年，各菇类价格变化明显，成熟工厂化菇类金针菇、真姬菇、杏鲍菇价格持续下跌，而双孢蘑菇、草菇、秀珍菇、香菇价格稳中有升（表 3-11、图 3-9）。目前，金针菇、杏鲍菇、真姬菇由于工厂化栽培技术成熟，全国各地食用菌工厂化栽培的兴起，价格已基本接近甚至低于成本价，导致部分企业采用停产来规避损失。双孢蘑菇、香菇近几年开始发展工厂化栽培，其设备、技术等多为从国外引进，前期投入及成本较高，以双孢蘑菇为例，菇房、设备折旧、菌种、培养料及其他消耗的成本为传统菇房的 3～4 倍，因单产较高，产值为传统菇房的 2～3 倍，一年栽培 6 次，其利润远远高出传统栽培，传统菇农在看到工厂化栽培利润后，也开始寻求转型。

表 3-11 2010—2019 年上海食用菌各菇类单价　　　　单位：元/千克

年份	双孢蘑菇	草菇	秀珍菇	香菇	杏鲍菇	金针菇	真姬菇
2010 年	7	14.2	8.2	8.6	12.1	10.6	20.4
2011 年	7.5	17.7	22.1	9.4	9.9	10.6	19.4
2012 年	6.7	17.1	9.4	9.4	10.2	9.4	13.1

续表

年份	双孢蘑菇	草菇	秀珍菇	香菇	杏鲍菇	金针菇	真姬菇
2013年	6.6	17.8	8.3	10.7	10.1	6.8	12.5
2014年	7.5	17.2	8.5	11.5	9.3	6.5	13.1
2015年	7.8	18.9	7.8	11.1	6.8	6.2	12.8
2016年	8.2	18.9	9	11.3	6	6	12.2
2017年	8.3	17.8	10.2	10.8	7	5.4	9.4
2018年	—	20.97	—	13.41	6.84	6.85	8
2019年	—	19.58	—	16.19	6.71	6.76	6.94

资料来源：上海农产品价格监测。"—"表示数据缺失。

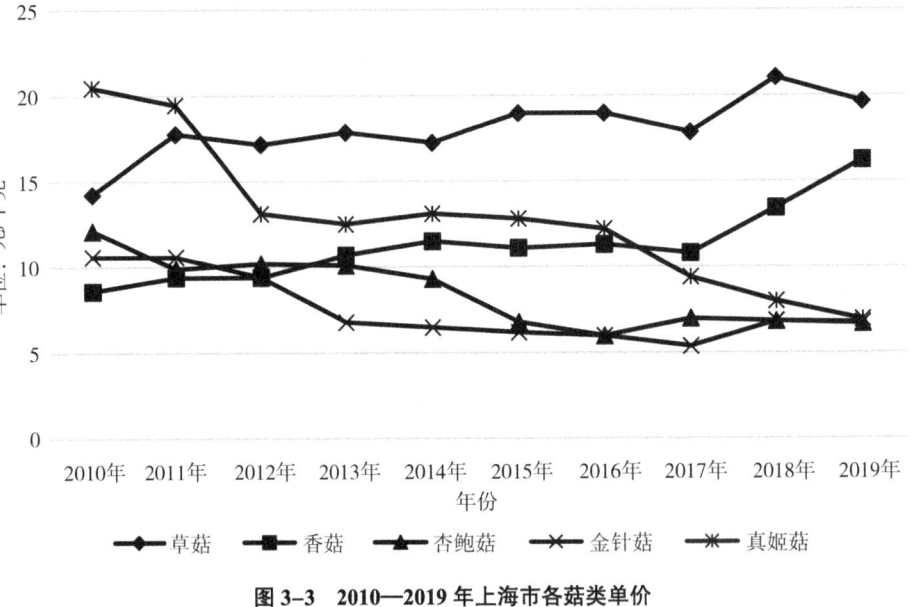

图 3-3 2010—2019年上海市各菇类单价
（资料来源：上海农产品价格监测）

4. 食用菌产业效益的案例分析——以永大食用菌有限公司为例

永大集团在上海市宝山区罗店镇规模开发食用菌，即在原超大（上海）食用菌有限公司所在地加工厂的东、西、南面拓展延伸，使之连成一片，建设一个"三结合"的大型基地，即生产与加工结合，工厂化生产与常规大棚生产结合，内销与外销结合（表3-12）。

（1）产业链条建设

食用菌产业链条之一是生产分为三条生产线来建设。即工厂化周年栽培、常温棚栽,遍布 8 个省的生产基地、周年栽培食用菌的生产厂建设,这是重点建设项目,工厂化生产投入大,一般专业户难以做到,所以把农民难做到的事由企业来承担。生产规模开发品种,以适销对路的真姬菇(蟹味菇)、白玉菇为主。

食用菌产业链条之二是"加工"才能增值。永大(上海)公司从 2003 年起就把加工厂(含冷库)视为开发食用菌的核心项目来建设,已建成加工场及冷库 6 700 平方米。多年来已加工的产品鲜品类有鲜香菇、白蘑菇等 18 种,干品类有干香菇、黑木耳等 32 种,冻品类有香菇、白蘑菇等 10 种,公司实现年年盈利。因此,继续抓好"加工"这个承上启下的环节是一个食用菌企业持续发展的关键。

(2)利益联结机制

为了确保食用菌产量、产品品质和质量安全,采取大棚栽培创新经营模式——公司+专业合作社,由公司统一制订食用菌栽培与质量标准。生产全程实行六个"统一",即统一标准、统一培训、统一制袋(瓶)、统一管理、统一加工、统一销售。对于 20 公顷钢筋塑料大棚,采用公司统一转租给专业合作社或专业大户。实行公司包两头,即包制袋养菌、包产品收购,专业合作社(或专业大户)向公司购买菌袋,中间环节自行栽培管理,自担风险,自负盈亏,从而构建企社联结经营的新机制。

表 3-12 上海主要开发食用菌种类的生长季节安排

种类	母种 生产时段	原种 生产时段	栽培种 生产时段	培养袋 生产时段	采收时期
香菇	3 月 20 日至 8 月 20 日	4 月 5 日至 9 月 5 日	5 月 5 日至 10 月 15 日	6 月 25 日至 11 月 25 日	9 月 10 日至翌年 6 月 10 日
毛木耳	11 月 15 日至翌年 1 月 15 日	12 月 1 日至翌年 2 月 1 日	1 月 10 日至 3 月 10 日	2 月 20 日至 4 月 20 日	4 月 20 日至 10 月 20 日
秀珍菇	10 月 5 日至 11 月 5 日	10 月 20 日至 11 月 20 日	12 月 1 日至翌年 2 月 1 日	1 月 10 日至 3 月 10 日	4 月 25 日至 11 月 10 日
姬菇	9 月 15 日至翌年 1 月 1 日	10 月 1 日至翌年 1 月 15 日	11 月 5 日至翌年 2 月 20 日	12 月 10 日至翌年 3 月 25 日	2 月 10 日至 6 月 25 日
	4 月 20 日至 6 月 1 日	5 月 5 日至 6 月 15 日	6 月 10 日至 8 月 10 日	7 月 15 日至 8 月 25 日	9 月 1 日至 11 月 25 日
茶树菇	8 月 25 日至 11 月 10 日	9 月 10 日至 11 月 25 日	10 月 20 日至翌年 1 月 5 日	12 月 1 日至翌年 2 月 15 日	3 月 10 日至 6 月 25 日
					9 月 1 日至 11 月 25 日
草菇	4 月 25 日至 7 月 5 日	5 月 5 日至 7 月 20 日	5 月 20 日至 8 月 5 日	6 月 10 日至 8 月 25 日	7 月 1 日至 9 月 10 日

续表

种类	母种 生产时段	原种 生产时段	栽培种 生产时段	培养袋 生产时段	采收时期
鸡腿菇	10月5日至11月15日	10月20日至12月1日	12月1日至翌年1月10日	1月10日至2月20日	3月5日至6月10日 9月1日至11月25日
平菇	9月20日至翌年1月15日	10月1日至翌年1月25日	11月1日至翌年2月25日	12月1日至翌年3月25日	2月10日至6月30日
	3月25日至6月1日	4月25日至6月10日	5月25日至7月10日	6月25日至8月10日	8月25日至12月5日

永大（上海）食用菌有限公司经过近年来的努力，已在福建、浙江、安徽、河南、河北、吉林、黑龙江7个省建设14个利益联结的食用菌标准化生产基地，为公司提供大批量符合出口的产品。这种利益联结机制，就是生产基地按公司制订的标准化生产规范要求进行生产，符合标准的菇品由公司收购，使菇农的产品有销路，且价格较好，而公司又能保质保量加工产品，进行内、外销。多年来，各基地已为公司提供30多种产品。这种利益联结机制实现了双赢，应进一步巩固、提高和拓展。

（3）食用菌营销市场的开发

营销市场开发是一个食用菌企业成败的又一关键。经调查分析，永大在上海食用菌营销市场的开发，已有较好的基础。原先以外销为主的经营策略，已在四大洲及中东等20多个国家和地区建立了营销网络。该营销策略的开展不仅可保证外销的货源，而且可拓展以上海为主的营销市场，因此需要构建一个企业内销与外销并重的新机制。

第四章

上海食用菌的生产：
理论分析与案例分析

第一节　生产者行为理论分析

一、食用菌生产者行为研究综述

国外学者对食用菌生产者行为研究的文献较少,大多是针对某个地区的食用菌产业方面的研究,且主要以定性分析为主。Michael(1993)对北爱尔兰蘑菇产业进行研究后发现,随着蘑菇产业的不断壮大,北爱尔兰园艺产业的发展也随之被带动起来,且他还提出可以让蘑菇产业健康发展的方法。Kim(1999)研究了韩国食用菌的生产现状,总结出16种食用菌品种为最适合农民种植的品种。Moreno等(2008)对12个野生食用菌市场进行了研究后,归纳出墨西哥野生食用菌市场的商业化程度和总体发展趋势。Gold等(2008)对美国香菇产业进行了研究发现,在激烈的市场竞争中食用菌生产者只有提高产品质量、改善客户服务体验、稳定供应市场才能取得竞争优势,故而食用菌生产者应与科研机构以及政府部门之间积极交流合作。Secco等(2009)通过对意大利食用菌生产模式的研究,发现生产者采用"网络系统模式"会比"传统模式"更具经济效益,更能平衡利益分配,可更快带动农村经济的发展。Dhar和Sharma(2009)发现印度食用菌产业是工厂化生产为主导的农用产业。Amend等(2010)对122户云南香菇农户进行调查后得知农户大多相信亲朋好友、村干部以及林业部门等散播的信息,且气候和土壤等外在环境的变化等因素是导致香菇产量减少的根源。Mattia等(2011)通过对野生食用菌产业的研究发现当地企业Dalla Valle OY公司可为周边农户提供大量就业岗位,从而带动当地经济发展。

近年来,随着食用菌产业迅猛发展,国内研究食用菌生产的学者也不断增多,他们对我国食用菌产业的现状、未来趋势和当前需解决的问题进行了分析,对全国食用菌生产者的行为主要做了以下研究。

卢敏等(2010)从农民视角深入分析了农民在产前菌种选择、产中病害管理和技术创新、产后产品销售过程的信息获取与决策行为,发现在食用菌产业体系运行过程中,食用菌加工企业、菇农以及食用菌企业之间的联系并不紧密,存在微观主体的近期经济目标与食用菌产业体系的长远战略发展目标的断层。冯斌(2018)针对当前我国干旱山区生态循环设施农业存在生产单元组合集中连体利用率不够、沼肥和秸秆循环使用效率低、农药化肥使用超标等问题,提出食用菌生产者可利用两日光温室间空闲地建造蘑菇房，既可用于食用菌生产，也可作为库房用于果蔬储藏，通过棚顶集雨及沼气沼液沼渣多层次再利用、果蔬种植二氧化碳气体补施、食用菌菌渣再循环等形成"八位一体"的多模块循环生态农业系统，经过试验优化食用菌配方、沼液沼渣利用、CO_2施肥等技术达到"水沼肥气热渣"循环利用，实现山区农业资源科学合理配置和农产品绿色、安全、高产和优质生产。穆晓丹（2020）从财务管理角度，提出食用菌作为食品类产品，其损耗率相对较高，以至于在栽培、加工、销售等一系列工序中，都需减少资源浪费。同时，食用菌技术的革新也非常关键，新技术不但能降低生产栽培过程中的损失，也能减少后期工程的二次损坏，从而实现食用菌企业经济利益的提升，使食用菌企业实现更大的经济价值。张淑红等（2020）以大数据技术为基础，对食用菌生产企业精准化营销策略展开深入的分析和研究，借助互联网技术，构建起企业与消费者之间更具个性化的服务沟通体系，通过大数据营销技术，对客户的信息进行分析和挖掘，从而实现对客户信息的精准推送。食用菌企业可以通过对消费者大数据的整合，不断完善企业营销信息系统，让企业自身的处理能力得到提高，以实现更为精准化的营销模式，最后得出结论。大数据不但是资源和工具，还是全新的行动纲领，借助现代化的信息技术实现对海量数据的科学分析，对获取的资源进行集中优化升级，使沟通具有较强的针对性，协助食用菌生产企业对客户的需求进行精准化的探究，让市场定位更加地准确，客户的需求得到最大程度的满足。在大数据背景下，企业的营销思路被彻底地打开，通过精准化的营销，牢牢掌握营销的主动权，从而使企业的经济效益不断得到大幅提高。刘庆洪等（2020）鉴于目前的新冠疫情，为更好地维持和推进食用菌生产顺利进行，建议生产者在尽快恢复菌种的生产后，要进一步调整菌种培养基质配方，改变培养条件。

二、食用菌生产者选择行为

1. 食用菌生产者行为特点

生产者的选择行为包括生产者根据市场需求确定自己的产量、生产方式，以及选择销售市场等。自20世纪80年代起，食用菌因具有较高的营养保健价值及经济效益，越来越受到消费者和投资者的青睐。尤其是近年来，我国食用菌工厂化、智能化栽培企业如雨后春笋般迅速发展。"工欲善其事，必先利其器"，食用菌工厂化栽培的发展必须借助现代化的食用菌生产设备。随着我国食用菌工厂化生产的加速发展，一大批食用菌机械设备生产企业随之诞生。江西省广昌县亿华机电科技有限公司就是其中之一，公司主要生产食用菌机械化智能化生产中使用的搅拌机、输送机、烘干机三大类。食用菌栽培农户主要以香菇、平菇、金针菇、木耳等菌类为主，食用菌企业主要以有机菌菇类及高价值菌菇类为主要生产对象，以获得可观的收益。我国食用菌生产者的生产方式经历了多个阶段，第一个最初的阶段是野生采集和木段栽培，然后木段栽培发展到小规模机械化生产，再到大规模的机械化生产。

从产品包装上看，越是价格高的产品包装越精致，像蟹味菇、白玉菇、杏鲍菇等基本上都采用小包装形式销售，金针菇、草菇、平菇、香菇等基本采取大包装形式散装销售，超市里的产品小包装多，批发市场以及伙食团体销售以大包装为主。上海食用菌专业包装机设备公司也有好几家，如包利斯特机械上海有限公司、上海东鹏科技有限公司等，所生产的产品总价格也在十几万元到几十万元不等。从上海食用菌产业产品的品牌认证角度来看，目前上海食用菌专业合作社有40～50家，规模化、标准化、设施化生产的食用菌企业约20家，基本上都通过无公害认证，其中获得上海市名牌产品称号的食用菌企业有4家，分别是上海高榕食品有限公司、上海益升食品有限公司、上海大山合集团有限公司、上海丰科生物科技股份有限公司；获得上海市著名商标称号的食用菌企业有5家，分别是上海高榕食品有限公司、上海大山合集团有限公司、上海丰科生物科技股份有限公司、上海福茂食用菌有限公司和上海雪榕生物科技股份有限公司。食用菌工厂化生产是上海现代农业和生物农业新亮点，符合国家农业产业结构调整方向。单位产出同等产量的食用菌产品，工厂化模式所需的土地面积仅为传统模式的1%，劳动力只占传统模式用量的2%，生产过程不使用任何农药和化学添加剂，从源头上确保了食品安全。

总之，生产者会做出一些行为以应对复杂多变的市场环境。市场环境的变化也即国际和国内的需求变化，当遇到市场需求由简单的数量变为营养、安全和健康时，生产者会减少规模，但有些经不起市场变化，关闭了或者搬去外地。反之，如果市场的需求不断增加时，他们就会扩大生产，这些就是生产者做出的选择。

2. 食用菌生产者选择行为研究综述

国外学者对食用菌生产者选择的研究主要为如下几个方面，Lucier等（2003）在美国农业部提供数据分析的基础上，超过一半的食用菌产品在零售业和家庭消费。Mayett等（2004）以墨西哥为例对2002—2003年的食用菌消费者进行集中调查，认为食用菌未来发展的重点不是技术而是以消费者的需求为导向，应关注食用菌消费者的倾向和喜好。Kaaya（2006）对食用菌产业展开调研后发现食用菌的种植可缓解当地食物短缺所带来的压力，其中家庭消费所占比重最高，且消费人群主要集中在 20～39 岁的年轻人。Voces 等（2012）对巴塞罗那的松乳菇进行研究后认为松乳菇的需求与价格和进口数量呈负相关，同时发现松乳菇和杏鲍菇互为互补品且两者的需求变化方向一致，原因是农民收入水平的提高。

近年来由于食用菌产业地位的不断攀升，国内学者对食用菌生产者的选择行为主要进行了如下研究。张绍泽（2019）发现若食用菌栽培户当年的家庭财政收入大于该县的家庭平均收入，种植户从食用菌栽培中获得的利润较大，种植户对食用菌栽培的积极性也就越高；反之，种植户对食用菌栽培的积极性就越低。徐春容（2010）认为农民自发性地跟着市场发展当地曾栽培过的品种。朱华玲等（2012）提出可将食用菌引入农业有机废弃物的处理环节，如此一来既可减少有机废弃物造成的环境污染，还可变废为宝，生产出绿色食用菌。曾先富等（2017）提出农户可利用花木林和果林的荫蔽空间及环境温度等条件培养食用菌，这样果农会成为食用菌生产者，并且实现生态循环的同时提高自己的收益。李树明（2010）在林下经济发展中认为林菌模式的生态效益和经济效益极为显著。

第二节　上海食用菌产业发展影响因素分析

上海食用菌生产历史悠久，食用菌生产发展的初期是 20 世纪六七十年代发展起来的传统生产模式。食用菌生产曾是上海市农业创汇的拳头产品。进入 21 世纪，随着农业结构调整和市场经济的不断发展，上海食用菌的生产发生了根本变化，由原来的简易家庭式生产模式逐渐转向应用现代工业设备、设施进行人工模拟食用菌生态环境技术的工厂化生产，规模已居全国之首。食用菌工厂化生产模式实现了食用菌生产的机械化、标准化、周年化，极大地节约了土地资源，其原料主要为农业的下脚料，实现了农业生产循环利用最大化。食用菌工厂化生产实现了"不与人争粮、不与粮争地、不与地争肥、不与农争时、不与其他行业争资源"。上海食用菌生产的迅速发展对推动国内食用菌生产的技术进步，推动农业废弃物的转化与循环经济的发展，促进上海的农业增效、农民增收发挥了积极作用。进入 21 世纪以来，食用菌生产已成为本市农业特色优势产业，对促进都市现代农业发展，增加农民收入，丰富市民的菜篮子，都具有重要作用。

2010 年以后上海食用菌工厂化生产企业蓬勃发展，2016 年上海食用菌工厂化企业有12家，占全市鲜菇总产量的86.6%，上海进入食用菌产业的高速发展期。同时，食用菌的传统生产模式进一步萎缩。到2019年，工厂化生产食用菌产量占全市鲜菇总产量的84.9%，工厂化生产食用菌产值5.68亿元，占全市鲜菇总产值的82.3%。食用菌工厂化生产企业6家，合作社4家，主要生产金针菇、真姬菇、双孢蘑菇、鹿茸菇等。

面对生产、市场、政策、技术等风险，上海市的食用菌生产企业、合作社在实施乡村振兴战略、农业绿色发展的大背景下，不断谋求创新发展。主要通过调整产品结构、创新生产经营管理模式、践行生态循环绿色发展、强化科技创新、加大品牌建设力度等手段，不断优化产品、提升竞争力。

近年来，对上海食用菌生产者产生较多不利的影响因素主要有以下四点。

一是土地资源紧张。食用菌主产区浦东新区、奉贤区积极推进乡村振兴，政府对农用地使用用途管控力度逐渐加大，在农用地上搭建菇房也被列入违章整治对象。因此，很多传统方式栽培的菇房被拆除。以浦东新区为例，航头镇鹤东、黄楼两个草菇栽培集中地均被集中拆除，以致作为上海草菇主产区的浦东新区，草菇产量大幅减少，从2016年到2018年，每年减少了约37%。奉贤区也面临同样困境，该区的秀珍菇、草菇等传统栽培菇类都受到较大影响。同时，奉贤区内雪榕、丰科两家食用菌龙头企业的生产基地被建议搬迁，这对两个龙头企业减少上海产能、走全国布局之路起了一定的推动作用。

二是生产成本居高不下。上海的用工、用地、用电成本高，食用菌栽培原料成本高。食用菌栽培常用的原料如棉籽壳、废棉等价格越来越高，在常规草菇栽培中，原料占总成本比例达55%左右，造成生产成本高企。用工成本在食用菌生产成本中占较大比例，传统栽培方式尤其需要较高强度的劳动力，而从事农业的劳动力出现了年龄老化、用工成本上升等问题，甚至时常出现"一工难求"，劳动力价格的上涨直接影响了生产成本。而近年来食用菌产品的价格却没有提高，甚至下降，这些都成为挫伤传统菇农生产积极性、影响食用菌生产发展的重要因素。

三是政府规划对食用菌行业产生影响。上海食用菌工厂化生产，从2000年左右开始发展，企业主要选址在浦东、奉贤等区。但随着时代的发展，各区政府在区域功能规划上也有了较大的改变。2019年，位于奉贤区的雪榕、丰科、光明森源和位于浦东新区的芳原，部分厂区相继迁出或转让，对上海食用菌产业造成了较大的影响，而金山区近几年开始打造"蘑菇小镇"，出台优惠政策、提供资金，吸引食用菌企业落户廊下镇。受政策鼓励，芳原已在金山山阳镇投资建厂，已吸引多家食用菌企业落户廊下镇，同时，联中合作社发展势头迅猛，成为上海双孢蘑菇生产企业的龙头。

四是市场消费的影响。尽管上海食用菌工厂化生产企业不遗余力地提高管理水平和栽培技术，但食用菌鲜品产品同质化严重，缺少特异性，竞争激烈，经济效益不高。此外，政府管理部门、产业界等对食用菌及其产品的科普、宣传、推介力度不够，食用菌产品的消费仍较低迷，近年来消费量增加的幅度不大。加上外地产食用菌产品的市场竞争，上海本地生产企业、合作社的盈利空间不断萎缩，甚至减少。

第三节　上海食用菌生产者的行为分析

食用菌是近年来迅速发展起来的高效特色农业，具有"不与人争粮、不与粮争地、不与地争肥、不与农争时"的显著特点。近些年，食用菌产业已经成了我国决胜全面小康社会的重点产业，经不断发展，已形成了政府引导、市场带动、技术支持、共谋发展的良好现状。在我国实施乡村振兴战略及大力发展生态循环农业的大背景下，食用菌产业更是成了广大农民中万众瞩目的焦点，特别是"十一五规划"以来，科技部、农业部、财政部相继推出食用菌的"支撑计划""863"计划、"973"计划，国家统计局起草的标准中也涉及"食用菌种植"，标志着食用菌开始纳入国民经济统计，日益受到社会和政府的关注。

由于以上诸多因素，故而引得大多数农民纷纷种植。上海的食用菌生产始于1935年，有着辉煌的历史，曾首批栽培出全国双孢蘑菇，生产出首个蘑菇罐头，并出口首批蘑菇，建立全国首个食用菌研究所。作为一个国际化大都市，有着技术、市场、资金等诸多优势，农业生产产值占上海GDP的比例虽小，却也是不可或缺的一部分。从全国范围来看，随着新一轮农业结构的调整及市民对健康营养的追求，其在农业发展中的地位与作用也越来越重要。

一、生产者生产行为

2019年，中国农业供给侧结构性改革取得新进展，食用菌产业发展的环境和供需格局都发生了根本性的变化，主要体现在：一是生产从资源约束向多元化转变；二是市场需求已从数量型到质量型方向转变；三是市场竞争日趋激烈、复杂。在产生这样变化的前提下，急需提高的产业绩效无疑对我国食用菌生产者提出了更高的要求。

为此，上海食用菌生产者行为也会随着产业发展环境及供需格局的变化做出调整，企业的生产行为变化主要体现在：①食用菌工厂化生产企业进一步调整，"雪榕""光明森源""丰科"等大企业，不但做大做强上海市场，还不断在外省市投资建厂，目前雪榕在全国有10个工厂。中型企业开始整合，如"农禾""福茂"等企业被同一企业收购，统一生产管理。小型企业如"贝安""佳丰"等，不但没有壮大，反而在逐渐萎缩。②食用菌生产者不断提高食用菌科研和栽培技术，丰富工厂化食用菌品种，除金针菇、杏鲍菇、蟹味菇、白玉菇等传统工厂化栽培品种外，灰树花、北虫草、鹿茸菇、绣球菌等药食两用的珍稀菌类也在上海呈规模生产。③由于传统菇类生产逐年萎缩，故以工厂化取代传统生产。

目前上海市食用菌出口分为五类，一是双孢蘑菇罐头、盐水双孢蘑菇、速冻双孢蘑菇等；二是鲜秀珍菇、平菇、香菇、金针菇等；三是松茸、块菌等野生菌；四是灵芝、虫草等药用菌；五是干香菇、木耳等干食用菌。目前上海食用菌出口以新鲜香菇、金针菇、秀珍菇为主，干食用菌为辅。主要出口国包括美国、欧盟、澳大利亚、日本等发达国家和地区。东亚地区是世界食用菌生产和消费的主要地区，也是上海食用菌出口的主要市场。东南亚泰国、马来西亚、新加坡、印度尼西亚等，由于华人数量多，饮食习惯和国内相似，比较青睐传统食用菌，如干香菇、木耳、银耳等。其他市场如北美地区美国、加拿大等主要以消费双孢蘑菇罐头为主，欧盟等地由于执行严格的检验检疫指标，出口难度较大，但仍有发展空间。

二、生产者销售行为

由于消费习惯、产品价格定位、市民认知度等原因，目前上海市民主要消费香菇、双孢蘑菇、木耳等；金针菇、蟹味菇、杏鲍菇等消费量较低，主要销往宾馆、饭店等中高档餐饮单位。

上海食用菌的销售模式主要有以下几种：一是以合作社为中心，组织职工、社员进行生产，并将所生产出来的产品直接送到批发市场交易；二是菇农或者散户将自己种植的食用菌送到附近集贸市场交易，近郊农民直接将产品送到市区批发市场和农贸市场交易；三是小商小贩到田头收购农户承包种植的食用菌，或到市郊集贸市场收购，最终送到批发市场销售；四是龙头企业或合作社通过规模化、标准化或工厂化模式生产食用菌，并将生产出来的产品直接送到批发市场里的代理商进行批发销售，然后再由代理商二次批发到宾馆、饭店等伙食团体或配送公司等；五是龙头企业通过规模化、标准化或工厂化模式生产食用菌，并将生产出来的产品直接配送到超市、大卖场等。

第四节　上海食用菌产业典型案例分析

上海食用菌目前的生产地区分布主要在奉贤区、金山区和浦东新区，在2019年这三个区的总产量占上海市鲜菇产量的96.6%。这些食用菌主要由8家工厂化企业、34家合作社、183家农户生产，从业人数2 226人。产业规模为总产量8.26万吨，总产值6.9亿元，主要生产金针菇、真姬菇、双孢蘑菇、香菇、鹿茸菇、秀珍菇、平菇、姬菇、大球盖菇、草菇等。大体上来说，金针菇和真姬菇这两种菇类依然占绝大部分比重。

近10年来，上海食用菌产业经历了新一轮的产业结构调整，形成了雪榕、丰科、光明森源等食用菌工厂化龙头企业，这些企业以上海为菌种开发、技术研究的中心，近几年开始走全国布局发展战略，在全国其他地区投资建厂，并且转移部分产能。同时，食用菌的传统种植模式进一步萎缩，一些菇农通过"公司+合作社+农户"等模式成功转型、升级。近年来，上海的食用菌工厂化企业经过激烈的市场竞争，落后产能逐步淘汰，优势龙头企业获得了更多的市场份额，市场竞争力也得到进一步提升，上海市的食用菌行业进入比较稳定的发展阶段。同时，联中、彭世等食用菌合作社也通过探索工厂化生产模式，实施"企业+农户"战略、探索企业多元化发展、创新经营模式等，合作社的经济、生态、社会效益得到显著提升。

一、上海雪榕生物科技股份有限公司

（一）公司基本情况

雪榕公司创立于1995年，总部坐落于上海市奉贤现代农业园区，公司主营业务为食用菌的工厂化生产，主要产品为杏鲍菇、香菇、真姬菇、金针菇。公司是我国产能最大的食用菌工厂化生产企业，现有食用菌日产能1 170吨，位居全国之首。公司现已实现在东北、华北、华东、华南等七大基地的布局，共有17个工厂，产品的销售涵盖10亿消费人群。2019年，公司实现营业收入19.64亿元；通过合理的全国布局，公司发挥了产品更加贴近消费市场、配送物流成本大幅降低、产品保持新鲜品质供应的优势。同时，遍布全国的销售网络及多元化的

营销模式、公司产品品牌知名度提升成为公司的竞争优势之一。

公司的生产模式：公司以工厂化模式进行金针菇、真姬菇、杏鲍菇等食用菌的生产，即在按照菇类生长需要设计的厂房中，利用温控、湿控、风控、光控设备创造人工模拟生态环境，利用工业化机械设备自动化操作，采取标准化工艺流程种植食用菌。

公司产品的销售模式：公司食用菌产品主要通过经销商进行销售，并向商超系统、连锁餐饮系统、生鲜到家平台等渠道直接销售，主要是买断式的销售，销售后的风险由经销商或客户自行承担。

（二）公司发展思路

1. 实施"抓质量、促品牌"战略，提升市场竞争力

近年来国内食用菌市场竞争激烈、产能过剩，食用菌工厂化生产企业面临食用菌产品销售价格重心下移、销售不景气等市场风险。为应对不利的发展局面，雪榕公司实施"抓质量、促品牌"战略，将食品安全放在首位，致力于为消费者提供安全的高品质食用菌产品，通过完善经营管理，提升产品质量，提高生物转化率和降低污染率，加强营销力度，巩固现有市场份额，开展品牌推广，提升雪榕品牌知名度和美誉度，增加公司品牌溢价。长期以来雪榕公司给各类大餐饮企业批发食用菌产品这种 BTB（Business To Business）的销售模式，十分不利于公司品牌的建设。2019 年起，公司把品牌建设作为公司的首要战略，公司的销售模式开始转向 BTC（Business To Customer）模式，将以往供应餐饮企业的大包装改为印有公司品牌名的小包装产品，这对雪榕的品牌建设带来显著的积极影响。2020 年的疫情使得餐饮行业遭遇重创，但雪榕的产品销售不降反升。2020 年，公司小包装产品比重已从 10% 提升到了 40%。受疫情影响，许多消费者去不了餐厅，就会选择去商超购买雪榕的小包装产品。因此，小包装产品的推出，也解决了长期困扰公司的 2 月、3 月销售量及销售价低迷的问题。

2. 加强研发创新能力，提高企业竞争力

雪榕公司注重企业科技研发能力的培育和提升，公司下设航天食用菌研究所，为公司的研究开发和技术储备奠定了坚实基础。2019 年的研发投入金额为 1 093 万元，主要用于改良技术工艺、选育新菌种、开发新品种和改进生产设备等。与上海市农业科学院等科研院所建立长期的研发合作关系，公司及子公司现有专利 77 件，涵盖了食用菌产生的各个环节。经过多年的积累，公司自主研发并掌握了食用菌生产所必需的核心技术。食用菌行业技术领先优势最关键的技术

指标包括污染率和生物转化率，公司在这两个指标上都体现了较强的实力，实现了生物转化率从100%到160%的飞跃，污染率也从原来的百分之三下降到了如今的万分之一，处于全行业领先的地位。2019年公司与上海市农业科学院合作的研发成果"工厂化金针菇系列新品种选育及推广应用"荣获上海市科学技术一等奖。

随着雪榕"全国布局战略""多品种布局战略"的推进，雪榕未来将继续强化食用菌新菌种的研发，形成现有产品菌种有优化、新菌种有研发、新品种有投产的多层次产品布局，持续优化企业的产品结构，提升企业的整体竞争力。

3. 实施全国布局战略，做大做强食用菌龙头企业

雪榕是我国产能最大的食用菌工厂化生产企业，拥有上海、四川都江堰、吉林长春、山东德州、广东惠州、贵州毕节、甘肃定西七大生产基地，现有食用菌日产能1 170吨，位居全国之首。通过合理的全国布局，公司充分发挥了产品更加贴近消费市场、配送物流成本大幅降低、产品保持新鲜品质供应的优势。依托合理的产能布局，公司已在全国布局5个销售大区，建立了覆盖主要人口集中地区的全国性销售网络，有助于公司更好地掌握各地食用菌产品的供求信息，更好地抵御区域性供求失衡的市场风险。通过实施全国布局战略，雪榕在我国食用菌产业中龙头老大的地位得到进一步的提升。

在实施乡村振兴战略的背景下，雪榕积极投入乡村振兴事业、扶贫项目，培育"企业＋合作社"模式，在投资建厂当地直接雇佣当地农民进入工厂开展生产之外，扶贫项目子公司与当地农业合作社签订合同，建立明确的契约关系，由扶贫项目子公司按合同价格向合作社收购农户种植农作物的下脚料以作为企业生产所需原材料，稳固了企业与农户的关系，促进贫困农户增收。

二、上海丰科生物科技股份有限公司

（一）企业基本情况

上海丰科生物科技股份有限公司成立于2001年12月，总部位于上海市奉贤现代农业园区，员工499人，总资产2.7亿元，总占地面积150亩，拥有食用菌生产加工厂房100 000平方米。2000年前后，哈尔滨商人吴惠敏决定与上海市农业科学院合作，投资建设国内第一家工厂化珍稀食用菌生产企业。怀着以先进的工厂化食用菌生产方式来改变传统种菇模式，从而解决传统菇农规模小而分散、生产技术难规范、产品质量难保证的问题的初心和信心，吴惠敏决定投资以工厂化生产珍稀食用菌的模式，为消费者提供安全、健康、美味的食用菌产品。2002年，丰科投产的流水线上诞生了我国第一盒工厂化蟹味菇；2005年，第一盒白玉菇又出现在同一个车间里。在成功开发蟹味菇、白玉菇的基础上，先后陆续推出珍茸菇、御茸菇、鹿茸菇等系列高档珍稀食药用菌新品。丰科作为我国第一家工厂化珍稀食用菌生产企业，在中国大陆首创了珍稀食药用菌工厂化栽培的新模式，丰科公司是目前国内最大、最先进的珍稀食药用菌研发、生产、贸易于一体的高新技术企业。从初创上海丰科时投资1400万元起，2008年和2011年公司又先后投资10亿元在山东青岛、河北秦皇岛建立了大规模工厂化生产基地。青岛工厂为世界单体规模最大的珍稀食用菌工厂，河北丰科集生产和休闲旅游、科普教育与研发一体，日产白玉菇、蟹味菇50吨。"丰科"品牌珍稀食用菌获得了"上海市名牌产品""上海市著名商标"等系列荣誉，还被农业部评为"中国名牌农产品"，是我国食用菌行业最早获此殊荣的产品，上海丰科也被评为"全国食用菌行业最具影响力企业"。

（二）公司发展思路

1. 坚持创新理念，实现降本提质增效

公司成立以来，始终坚持不断革新，不断优化珍稀食用菌的生产流程，以提升产品的品质、降低生产成本。通过科研人员攻关，将丰科白玉菇的生产周期从100多天缩短到了80多天，达到国际先进水平。通过试验，成功地将从日本引进的生育房里每层架子的高度从50厘米降低到36厘米，极大提高了厂房利用率。目前占地200多亩的丰科工厂，可以生产出传统大棚栽培2万多亩的产量，从而节省了大量土地资源。

经过10多年的不断革新，丰科引进的世界一流生产设备和生产工艺得以更加优化，充分展示了"低碳生产、高端品质"的生产理念和节能降耗、高效集约、控制精准、生态循环的现代农业优势。再加上新建工厂扩产，丰科的珍稀食用菌日产量从投产之初的2吨提升到120吨，年销售额从几百万元上升到5亿多元，始终保持30%以上的市场占有率。丰科将精准、高效、创新发展的理念融入企业经济活动中，致力于推进农业标准化、规模化、机械化、集约化、科学化、智能化发展。

2. 坚持科技研发，打造珍稀食用菌产业核心竞争力

丰科坚持走自主创新之路，先后成立了院士专家工作站、博士后试验站，积极承担国家、市级各类科研项目，不断提升企业的研发水平和技术攻关能力，通过上海市级企业技术中心认定，拥有核心技术人员 65 人，拥有有效专利 56 件，其中发明专利 21 件，综合技术水平处于国际先进、国内领先，多项科技成果填补了国内空白。丰科背靠上海市农业科学院这一战略合作伙伴，走出了一条"丰科+农科"——"1+1 大于 2"的自主创新之路，在工厂化食用菌优良品种选育、分子辅助育种技术应用开发、菌种稳定性生产、产品安全保障和品质提升等方面开展了全方位的共同研究和应用实践。10 多年来，丰科作为国家食用菌工程技术研究中心真姬菇工厂化栽培示范基地，每年投入约 1 500 万元的科研经费用于食药用菌技术研发，其中约 70% 用于食用菌种源创新。我国食用菌行业一个突出问题是菌种稀缺和退化，缺乏自主创新的适合工厂化栽培的专用品种，发展空间受制于进口菌种。丰科把研发自主知识产权菌种视为具有国家层面战略意义的大事。公司研发育种团队锲而不舍长期开展选种、育种、野生驯化、杂交、基因提取等工作。丰科于 2006 年启动真姬菇育种研究项目，立志培育出具有自主知识产权的优质菌种，经过多年努力，育成了中国首个具有自主知识产权的真姬菇优质品种，产品品质和出菇转化率处于国内领先水平。2012 年，成功培育出白玉菇 3 号菌种，其生长周期、单位产量、水分含量、耐储存性等指标达到国际先进水平，并在 2015 年获得国家专利。这是我国珍稀食用菌行业首个菌种专利授权，填补了国内空白，入选了"2015 年全国食用菌行业十大事件"。近年来，丰科通过选育新的优良菌株，匹配适配的培养基组合，在工厂规划布局、设备设施、工器具领域持续创新配套升级，推动了中国真姬菇产业链的发展，丰科在真姬菇领域的影响力通过产能、品质、品牌等载体快速放大，取得了在中国的领跑地位。

3. 以市场为导向，做优做强产品

丰科在企业的发展壮大中，以市场为导向，通过供给侧改革推动企业不断创新，创造新的产品满足市场需求，创造新的需求，引导市场消费。采用优质菌种、纯水滋养、无菌生产、高标检验、锁鲜包装、冷链物流等技术，确保从源头到市场的珍稀食用菌产品安全、新鲜。丰科于 2002 年推出中国第一盒蟹味菇，2005 年推出中国第一盒白玉菇，2010 年建立青岛基地，实现整体日产能力 70 吨，2015 年获得中国真姬菇自主研发菌种专利，2016 年建立河北基地，实现整体日产能力 120 吨，2018 成都基地动工建设，拟建成国内最大的食用菌产业发展集团，实现整体日产能力 260 吨，2019 丰科注册成立上海菇咪食品有限公司，加工佐餐产品，进一步丰富产品种类。丰科旗下四款产品"白玉菇、蟹味菇、舞茸菇、鹿茸菇"成为市场受欢迎的菌菇产品，并输出食用菌培养基。目前丰科营销网络布局全球,辐射美国、荷兰、以色列、西班牙等57个国家,覆盖国内华东、华南、华北、东北、华中五大区域市场。在激烈的市场竞争中,面对同行企业打价格战,侵权专利,丰科坚持打"质量保卫战",打"专利维权战"。丰科靠自主选育的新菌株,单产和品质大幅度提升,市场占有率越来越高。面对消费升级的市场机遇,丰科做好产业升级、产品升级,在做优做强新鲜产品的基础上,公司探索开发食用菌深加工产品,如做成珍稀食用菌酱、提取营养成分做保健品等,更好地满足消费者多元化的需求。

三、上海永大菌业有限公司

(一)企业基本情况

上海永大菌业有限公司〔原超大(上海)食用菌有限公司〕于2000年在上海市宝山区建设成立,公司位于宝山区石太路,注册资本6 725万元人民币,占地面积156亩,是一家集食用菌研发、种植、生产、加工、销售于一体的专业化企业。公司建有标准化食用菌生产加工车间,引进整套先进的制菌、接菌、养菌等生产设备,同时配备有食用菌加工、保鲜、冷藏及包装流水线。公司在浙江、安徽、福建、湖北、河南、河北、陕西、辽宁、吉林等地设立种植基地,产品有保鲜、干制、冷冻三大系列,常年供应香菇、木耳、姬菇、金针菇、杏鲍菇、蟹味菇、白玉菇、秀珍菇等干、鲜产品。公司与国内许多超市、大卖场合作设有销售专柜;与食品加工厂企业、餐饮业建立了稳定的供应关系,如湾仔码头、顶新集团、海底捞、肯德基、呷哺呷哺等;与电商平台如盒马鲜生、叮咚买菜、美团、美菜等建立战略合作关系。公司产品也远销欧、美、日、韩以及东南亚国家和地区。公司先后在美国加利福尼亚州、韩国京畿道、澳大利亚等地建设了多个食用菌种植合作农场,输出食用菌培养基制作和生产技术。永大菌业与上海市农业科学院和韩国、日本、美国等国家的科研机构建立技术合作关系,公司已完成了具有自主知识产权的食用菌新品种金针菇、香菇、灵芝、毛木耳、秀珍菇等中试、示范及精准化栽培模式的展示工作,并于2019年成功合作研发了灰树花新品种,成了国内尝试灰树花培育获成功的企业。

公司荣获"上海市农业产业化重点龙头企业""国家农业农村部一村一品食用菌基地""宝山区农业产业化重点龙头企业""上海市乡村振兴科技引领示范基地""宝山区科普教育基地"等10多项荣誉。

（二）公司发展思路

1. 探索"公司+基地+农户"的合作模式，实现企业和农户双赢

传统的家庭生产模式抵御市场风险与生产风险的能力差，同时，生产规模小，设施化水平低，产量低，收益差，而规模化、标准化、工厂化生产模式能保证食用菌生产技术和效能的提升。永大菌业在食用菌生产经营中探索"公司+基地+农户"的合作模式，即由公司统一生产菌包，农户负责食用菌的生产管理，产品由公司定价回收。这种模式可充分发挥企业和农户的各自优势，改变了传统食用菌生产"家庭作坊式"的落后局面，实现了食用菌生产从粗放到规范、从农艺到工艺的转变。这种模式可减少公司的用工成本、降低生产管理的成本和风险，永大菌业将农户生产的食用菌回收，再按照品质分级后销售，这样可降低农户承担的市场风险。这一模式带动了上海永大菌业周边300多农户加入食用菌种植，户均年收入达到20万元以上。永大菌业在国内的东北地区、浙江、安徽、河南一带以及美国、韩国、日本、澳大利亚、新西兰建立食用菌生产基地数十个，打破了食用菌种植的季节和地域的局限性，产品种类也从单一到多元化，食用菌产品的稳定供应得到保障，出口至全球五大洲的国家和地区。

2. 发挥都市农业优势，探索"新农业+新零售"的营销模式

永大菌业充分发挥都市农业的区位优势、市场优势，抓住新经济、新业态的发展机遇，搭建快捷的冷链物流销售渠道，积极构建电商平台，拓展销售渠道，与食品加工企业、超市、餐饮企业如海底捞、肯德基等以及新零售平台如盒马鲜生、叮咚买菜、美菜、食行生鲜等合作，实现了基地采摘后当天送达上海城乡消费者手里的快捷配送。因为种植基地就在上海近郊，配送距离不远，配送时间不长，因此早晨采摘的菌菇，中午就能上市民餐桌，保障了菌菇的新鲜和高品质。此外，永大菌业也建有以食用菌为主题的科普教育基地，展示食用菌生产演变史、食用菌与人和环保等多主题相关科普知识，向市民展示新农业的多种功能，向市民宣传食用菌的知识和消费理念。

3. 利用农林废弃物，变废为宝

永大菌业建有秸秆、树枝回收处理中心，回收宝山及周边区的秸秆和城市绿化枝丫条，这些废弃物经加工处理后作为公司生产食用菌的原材料。公司通过利用水稻秸秆、树枝等农林废弃物种植食用菌，每年可消耗宝山大部分区域内修剪下的城市绿化树枝以及50%的水稻秸秆。永大菌业不断探索、研究秸秆的收储方式和综合利用效率，提高以秸秆为基质种植食用菌的使用效果，增加秸秆离田利用率。此外，永大菌业建有高效仿生态食用菌栽培示范基地，菌包生产结束后菌渣返田，实现变废为宝、循环利用。利用农林废弃物，既解决了农林废弃物污染问题，又降低了基质的投入成本，促进农业增效、农民增收。

四、上海彭世菇业有限公司

（一）公司基本情况

上海彭世菇业有限公司坐落在上海青浦现代农业园区，成立于2008年12月，现有员工127人，专业技术研究人员12人。公司现有85个现代化大棚，专门用于各类食用菌及芽苗菜的周年化生产。机械拌料场2 000平方米，发酵隧道160立方米，现代化发菌房10 000平方米，冷库4 000立方米，销售物流车30辆，包装车间2 000平方米，现代化出菇车间150间。菌棒生产厂年产菌棒1 000万棒，2019年食用菌总产量超过2 000万吨。公司主要生产金针菇、杏鲍菇、蟹味菇、白玉菇等。公司历经57年发展与变革，祖孙三代传承与创新，现已发展成一家集活体菌菇、盆栽豆苗、盆栽蔬菜的技术研发、产业链建设研究、生产、销售、物流及出口的综合性现代农业企业。彭世菇业多年来致力于食用菌生态循环产业模式探索、食用菌工厂化解决方案设计与咨询、食用菌文化传播、食用菌营销模式创新与品牌化运作及食用菌产业化扶贫工作。公司建有现代化实验室、菌种室、无菌室等科研场所，与上海海洋大学、上海市农业科学院食用菌研究所等高校及科研院所建立了合作关系。公司在青浦大蒸港林下拥有150亩食用菌标准化产业示范基地，开展"林菌共生"模式，带动当地上百户农户参与食用菌种植。公司开展食用菌标准化技术培训与实践，养护林业的同时，带动农户增收致富贡献突出。公司荣获多项国家级及省市级称号，2013年获"上海市区域特色农产品生产基地"，2014年荣获国家林业局颁发的"中国林业产业突出贡献奖"，2015年获"现代农业标准化示范区"称号，2018年获"林下食用菌种植标准化示范试点"。

（二）公司发展思路

1. 创新生产经营模式，打造都市特色农业

针对大都市地区的市场需求、消费特点，充分发挥食用菌的产业特色，公司在2006年提出"移动农业、鲜活到家"的理念，随着公司不断推进市场化改革与创新，彭世菇业在2013年开始仿自然气候的工厂化菌菇生产，并实现了周年性的生产供应，随后在2015年开始尝试活体农产品销售，成为国内首批工厂化"活体菌菇"创新性产销企业。活体菌菇种植销售模式已成为都市现代农业发展的一条新途径，活体菌菇产业引领了都市消费者对鲜活食用菌的消费新风尚。彭世菇业以市场为导向，不断开发新产品，调整产品结构，创新营销模式。公司近年不断在生产基础设施、冷链储藏、物流配套服务上进行改造与投入，公司建有1万平方米的现代智能化芽苗菜多层立体培植车间，活体菌菇、芽苗菜的活体农产品业务从2015年至今每年都保持100%的增长速度。公司的活体菌菇品牌"彭世菇业""金菇棒"及鲜活盆栽豆苗品牌"一口苗""苗小丫"目前在长三角地区已享有一定的知名度，主要客户有海底捞、豆捞坊、七欣天、极食、小辉哥、大渝火锅、小龙坎、捞王等，积累了近1 200家优质的中高端连锁餐饮客户资源，彭世菇业的活体菌菇占已开发市场的90%以上，产品供不应求。公司活体菌菇2018年的销售额达到3 600万元，2019年突破5 000万元。

2. 发挥食用菌产业优势，践行农业绿色发展

彭世菇业多年来致力于创新生态循环农业发展模式，发挥食用菌生产能充分利用农业废弃物的优势，解决农业废弃物污染及综合利用问题。公司自主研发，探索出一项利用废弃菌棒种植芽苗菜的新技术，推进的"盆栽芽苗菜"项目，利用工厂化及林下食用菌种植所产生的废弃菌棒，回收堆料发酵制作成有机肥，然后用于栽培芽苗菜，既解决了出完菇的废弃菌棒污染环境的问题，又能变废为宝，减少芽苗菜栽培基质投入，节约成本，实现多级增收。彭世菇业成为全国首家利用菌棒废渣栽培芽苗菜的规模化生产供应商，产量达每年300万盆。整个产业链形成生态闭环，不产生任何废弃物。

公司地处青浦练塘，练塘茭白久负盛名，但茭白秸秆污染环境成为一大问题，公司投入专项资金研发新型菌棒，因地制宜开展了采用练塘茭白秸秆作为原材料制作菌棒的研究，获得了可喜的研发成果，实现了降低成本、提升品质、保护环境的多赢格局。

彭世菇业建立了"工厂化制棒、林地生态化出菇"的林下标准化食用菌产业示范基地，使得"林菌共生"实现了林业养护，带动了附近近百户农民发展食用菌产业。

3. 产学研合作，提高产品品质和竞争力

彭世菇业非常重视通过科技创新来提升产品的品质和市场竞争力，与上海市农业科学院食用菌研究所、上海海洋大学等高校及科研院所建立了合作关系。公司积极加入食用菌的产学研合作平台，如上海食用菌高效生产和加工产业联盟。公司作为上海市食用菌产业技术体系科技示范点、上海市农业科学院乡村振兴科技兴农三特基地，在产学研平台中发挥科技引领示范作用。产学研合作的成果给公司产品的优化、市场竞争力的提升带来切实的好处。如公司引进上海市农业科学院食用菌研究所培育的品种"沪香F2"香菇菌种，该品种性能优良，菇形厚实圆整，菇质硬实、菌龄短（80~90天），抗杂菌能力强，小温差刺激即可出菇。彭世菇业应用该菌种后，缩短了种植周期，提高了活体香菇的品质与市场竞争力。该品种在彭世菇业累计生产量已达500万棒，受到了公司客户认可和消费者青睐。

五、上海联中食用菌专业合作社

（一）合作社基本情况

上海联中食用菌专业合作社成立于2010年，位于上海市金山区廊下镇，注册资金3 788万元，合作社主要从事双孢蘑菇工厂化栽培，占地面积210亩，员工120名，技术人员10名，是目前上海地区规模最大、设施最好的双孢蘑菇生产基地。作为上海市农业科学院试验基地，2013年引入世界先进的荷兰双孢蘑菇智能化控制设备和技术，已形成46间现代化菇房32 000平方米栽培面积。生产过程中采用电脑控制，完全实现了工厂化、标准化、周年化生产。每个栽培周期33天，每周期单产达35千克/平方米，全年可循环11个周期，全年每平方米的产量是农民传统生产的40倍。2020年双孢蘑菇年产量达到8 700吨，占上海市生产总量的90%。目前联中在建的农村综合帮扶项目，总投资额为16 480万元，扩建22条三次发酵隧道、双孢蘑菇工厂化菇房4 760平方米、蘑菇预冷保鲜车间及附属工程等，计划2021年8月建成，投产后可新增年产40 000吨优质蘑菇三次发酵料，其中28 000吨培养料可辐射周边和长三角地区菇农，带动农民增收3 100万元，增加就业180人。所有项目建设完成后，联中每年可产出鲜食双孢蘑菇16 000吨，年销售额17 600万元；年产三次发酵料60 000吨，每年可消耗秸秆60 000吨（约100 000亩粮田产生的秸秆）、畜粪40 000吨，产后转化有机肥100 000吨。

合作社生产的"联中1号"双孢蘑菇已通过绿色食品认证，并获得第21届中国绿色食品博览会金奖。合作社先后获得的荣誉有全国百强农民合作社、上海市农民专业合作社、上海市农村创业创新大赛一等奖、上海市"劳模创新工作室"等，目前已成为上海市区域特色农产品生产基地、上海市乡村振兴科技引领示范基地。

（二）公司发展思路

1. 引进先进设备和技术，打造国际水平食用菌基地

合作社初创时期采用传统方式种植双孢蘑菇，生产效率低下，经济效益不高。合作社于2013年引进代表世界先进水平的荷兰双孢蘑菇智能化自动控制设备和技术，生产过程采用电脑控制，实现了双孢蘑菇工厂化、标准化、自动化、周年化生产，志在"打造世界先进的食用菌基地"。46间现代化菇房占地面积110亩，亩产值高达200万，年产量是传统种植的30倍。2018年合作社启动建设二期项目总投资1.1亿元，主要建设双孢蘑菇培养料三次发酵隧道、菌种厂、现代化菇房和观光采摘配套设施。项目聘请荷兰专家整体规划设计，并严格按照荷兰模式建设。二期项目建成投产后，将形成年产三次发酵菌丝体培养料6万吨，生产新鲜双孢蘑菇2万吨的生产规模，年销售额可达2亿元，创利3 000万元。项目建成后将使合作社成为国内一流、国际水平的双孢蘑菇高科技工厂化栽培基地，使得合作社成为江南地区技术含量最高、栽培规模最大、产供销渠道最完善的智能化双孢蘑菇栽培基地。

2. 促进传统生产模式转型升级，极大提升生产效率和经济效益

以传统模式种植双孢蘑菇，单产一年最多只能达到9～10千克/平方米；采用工厂化周年连茬作业模式种植，一年单产能达到180～200千克/平方米，是传统种植方法的20倍；同样的种植品种与产地，原先传统种植时占地73亩，现在仅用14亩，土地利用率得到极大提升。工厂化生产模式相比传统生产模式，极大地减少人力成本，如在制作培养料至上料，工厂化模式总共只需9个人，而传统模式至少需要40～50人。相比传统种植模式，工厂化种植模式使得双孢蘑菇生长周期更短、产量更高、品质更优、售价更高，经济效益大幅提升。联中合作社的工厂化生产模式倒逼当地传统生产模式转型升级，不少传统菇农在联中的帮助下实现生产模式的转型升级。以前，传统菇农在同等气候条件下进行作业，且产品上市基本在同一时间段，造成了市场供给的过度集中，价格走低。工厂化生产模式可实现周年生产，能做到全年均衡发展，没有市场空档期，无论气候多变，还是季节替换，全年出货无忧，按需供应，且品质也更优，效益更有保障，较之于传统模式，工厂化生产模式在产品销售市场上也占据明显优势。联中合作社采用国际先进的设施、技术、菌种，一年可以收获 11 茬双孢蘑菇，占上海总产量的 70%，销售量的 10%。

3. 实施基地联农户战略，带动农户种菇致富

金山区廊下镇正着力打造"蘑菇小镇"，推动食用菌产业从传统种植迈向工厂化栽培，并不断提高机械化、智能化水平。上海联中食用菌专业合作社实施以基地联农户的发展战略，将生产的三次发酵菌丝堆肥培养料，经过压块打包机包装后，周边菇农只要有空闲的房屋，经过保温处理加装恒温设备后，就可以一年四季种植双孢蘑菇。商品化的双孢蘑菇三次发酵培养料，可以免去菇农各家各户自己制料、消毒、播种、发菌等生产环节，采购后直接覆土就可以出菇。联中合作社通过基地联农户的模式，帮助菇农传统技术种植 6 万多平方米，带动周边区域种植户改造升级 2 万多平方米。同时，联中合作社实施"企业中心工厂 + 农户家庭车间"的新型农业合作经营体制，联中合作社按照统一供料、统一技术保障、统一品牌、统一销售、利润分红的模式，帮助菇农提高产品品质，进一步增加农民收入，带动农户种菇致富。在廊下镇政府"三五牌"致富模式的支持下，联中合作社已辐射带动 5 个种菇大户从传统双孢蘑菇种植农户成功实现了转型升级。在前期投入的 500 万元中，农民只要自己掏 150 万元，其余则由政府给予扶持补贴，一次投入 500 万元，年产出 500 万元，年净收入 50 万元。

4. 发挥食用菌产业优势，推动农业绿色循环发展

联中合作社采用农作物秸秆作为栽培食用菌的培养基原材料，农作物秸秆经堆肥处理后能有效转化生产双孢蘑菇，且秸秆占到食用菌原料配比中的 90% 左右。食用菌栽培利用后的废弃培养基，还可作为饲料和有机肥进行再次开发利用，因此，利用农作物秸秆栽培食用菌有助于推动农业绿色循环发展，同时也是高效创造农作物秸秆经济价值的重要途径。联中合作社自身拥有上海最大的双孢蘑菇工厂化生产设施，加上带动周边传统菇农转型升级，每年消耗大量的农作物秸秆以及畜禽粪便。联中二期项目建成后，可转化和消减大量的秸秆等农业废弃物以及畜禽粪便。据估算，联中合作社堆制蘑菇基料每年可消耗秸秆 60 000 吨（约 10 万亩粮田产生的秸秆）、畜粪 4 万吨，产后转化有机肥 100 000 吨，通过发挥食用菌产业优势，充分利用农业废弃物，推动双孢蘑菇产业向"生态、循环、优质、高效、安全"方向发展，推动农业绿色循环发展，同时，有助于有效解决当地废弃农作物秸秆焚烧和畜禽粪便带来的环境污染问题，净化和改善农村生态环境。

六、上海大山合集团有限公司

（一）公司基本情况

上海大山合集团有限公司成立于2003年，总部坐落于上海市奉贤区，现已成为行销全球的菌菇全产业链企业。公司现有员工2 000多名，资产达20亿人民币。上海大山合集团有限公司于2004年9月被认定为"农业产业化国家重点龙头企业"。大山合集团先后获得国家农产品加工示范单位、全国食品安全示范单位、中国菇菌行业影响力企业、上海市高新技术企业等各种荣誉。大山合商标被认定为上海市著名商标，产品也被认定为上海名牌产品。2009年9月，在上海市科委、奉贤区政府共同支持下，建成全国首个菇菌知识科普场馆——上海菇菌科普馆，通过高科技手段展示菇菌的宏观、微观、历史起源与发展等多方面知识，让参观者充分领略悠久的中国菇菌文化。

目前集团发展成为基于菌菇全产业链的三大业务板块：①农业与加工板块。拥有布局全国的食药用菌为主的种植基地22个，加工工厂15个，年出口贸易1亿美金。②健康食品板块。拥有食用菌深加工工厂3个，覆盖保健品、调味品、休闲食品，年出口贸易5 000万美金。③金融服务板块。投资包括哈尔滨国际商品交易中心、村镇银行、城市商业银行等，通过线上线下结合，打造农副产品金融平台。集团已形成农产品、调味品、休闲零食、保健养生四大主品类1 000多SKU产品群，创建了四大品牌：集团品牌"大山合"、健康调味品"太然"、健康休闲零食"三个姑娘"和保健养生"大山怡生"。产品远销全球100多个国家和地区。集团与上海市农业科学院食用菌研究所、江南大学功能食品研究中心、上海海洋大学食品学院、吉林农业大学、长春中医学院等科研院校开展深度合作。

集团旗下的上海大山合菌物科技股份有限公司成立于2006年，主要负责农业与加工板块。拥有高标准食品加工厂房13 800平方米，其中10万级净化厂房7 700平方米，冷库18 000平方米。公司在全国不同纬度建立了生产基地，跨越30多个纬度实行"候鸟式"运作。

公司通过了ISO 9001、ISO 22000、BRC、HALAL、GAP、ORGANIC、欧盟OSM、KK等国际性认证，产品获得美国沃尔玛、德国麦德龙、日本COOP等数十家国际采购集团认可，被国家评为出口示范性企业、食品安全示范企业、中国菇菌行业影响力企业。

集团旗下的襄阳大山健康食品有限公司成立于2011年，主要负责健康食品业务板块。公司拥有加工工厂（襄阳大山、白山大山康泰、白山大山合卫健），以及销售公司上海大山合菇粮生物科技有限公司。公司形成了从食用菌抽提到饼干、菇精、调味酱、酱腌菜、保健品的菌菇深加工生产和销售体系。2013 年首次通过"湖北省高新技术企业"认定，2016 年再次通过高新技术企业认定，2013 年被省科技厅评定为"食用菌精深加工湖北省工程技术研究中心"，2019 年被评为"湖北省服务型制造示范企业"。

（二）公司发展思路

1. 采用"公司＋农户"模式，实现公司与菇农双赢

大山合集团根据中国丰富的气候带和天然南北温差，在全国范围内的不同纬度建立了 9 个种植基地，跨越 30 多个纬度实行"候鸟式"经营，有效利用当地资源和气候条件，确保了食用菌产品供应的持续性和品质的稳定性。大山合集团经过十几年的打造与积淀，发展成现在的 9 个自有基地和 20 多个可控基地，为集团销售公司提供源源不断的合格产品。集团公司先后发展了以花菇之乡为主的庆元基地、以西双版纳为中心的云贵基地、以神农架为中心的鄂西北基地、以长白山为中心的东北基地。此外，公司还发展了西到新疆喀什、甘肃天水，北到黑龙江伊春，南到云南施甸等几大合作可控基地，产品涉及食用菌、中药材、干鲜果品及农副土特产品。

公司秉承"发展菇类事业、致富一方百姓、传播健康文化、增强人类体质"的使命，为了提升食用菌原料及产品的内在品质，改变传统的从千家万户菇农手中收"百家菇"的模式，在各大基地推行销售菌棒给菇农培育，菇农根据公司的要求对培育过程进行规范化的管理，再从菇农手中保底价回收产品的"双赢"模式，提高了菇农种菇的积极性，保护了菇农的收益，带动菇农致富，同时，保证了公司稳定的货源。

2. 实施全产业链发展模式，领跑食用菌加工业

2003 年集团公司总部迁到上海以后，集团整合了公司的各种资源，使各子公司优势互补，从投资、生产、科研、收购、加工、深加工、贸易形成一条龙经营，初步形成了集团化的规模化与集约化经营模式。大山合集团在我国食用菌加工领域起着领跑者的作用，公司从最初的食用菌初级加工往精深加工发展，实现了初级加工稳定增长、精深加工跨越式增长的局面。在过去的 10 多年里，大山合集团立足菌菇产业，通过整合资源、全产业链发展，已发展成为以食用菌种植、农产品、快消品、健康养生四大板块为核心的现代化企业集团。大山合集团已成为食用菌行业中产业链最完备的企业，出口创汇额名列同行前茅，产品远销全球 80 多个国家。在全国范围内建立了 15 家子公司、20 多个生产基地、6 个加工中心，同时还是香菇、猴头菇等国家标准、菇精、食用菌罐头行业标准的起草者和制定者。

3. 实施品牌发展战略，打造菌菇业品牌

面对我国食用菌产业知名品牌少、品牌影响力弱、市场打价格战等问题，大山合集团以打造世界菇菌行业品牌为目标，整合全球资源，拓展全球市场，通过体验营销、文化营销、旅游营销等手段，打造"大山合"品牌，提升品牌知名度和影响力，为消费者提供健康优质的绿色食品。集团旗下上海大山合菌物科技股份有限公司主要从事基于食用菌为基础的调味品、酱菜产品、休闲食品、保健食品、生物医药的研发、生产和销售。目前已经逐步形成了依托四大品牌的系列，分别是：大山养生品牌旗下的保健品系列、大山怡生品牌旗下的工业品系列、大山珍礼品牌旗下的礼品系列和菇粮菌饮品牌旗下的连锁门店。大山合集团近年来通过商业模式创新打通产业链、构建全网渠道平台，以及品牌化运作、全球化营销，以实现全球菌菇第一品牌的战略目标。

第五章

上海食用菌的消费:
行为分析与影响因素

国民经济的快速发展和收入水平的显著提升，使得人们的消费观念发生了很大的变化，消费者对饮食的健康、营养、质量和安全有了更高的要求，具有较高营养和药用价值的食用菌正好满足了消费者的需求。我国食用菌产业经过40年来的发展，尤其是近10年的迅猛发展，在食用菌栽培种类、产量、出口量、消费量上，占据了世界第一的位置。食用菌产业已成为继粮、棉、油、菜、果之后的第六大种植产业，食用菌产量占全球总产量的75%以上。近年来，食用菌产业在生态循环农业、大健康产业、精准扶贫、美丽乡村建设中迎来了发展机遇。同时，食用菌产业发展也面临挑战，大量资本进入食用菌产业，一定程度上造成了产能过剩、供过于求的不利局面。我国食用菌产业正经历洗牌、产业升级的重要发展阶段，提升有效供给能力，挖掘市场需求潜力，提高消费水平，成为当前及未来保障食用菌产业健康发展的重要任务。

上海率先在国内开始食用菌工厂化生产，在食用菌工厂化生产上一直处于全国领先地位。上海的食用菌产业在2010年以后进入高速发展期，在上海都市现代绿色农业发展中有着重要的地位和作用。近年来，上海食用菌产业也面临调整，传统生产方式逐年萎缩。目前，上海生产的食用菌种类主要有金针菇、真姬菇、双孢蘑菇、香菇、秀珍菇、草菇、杏鲍菇、平菇类、木耳类，也少量生产绣球菌、灵芝、蛹虫草等药用菌。上海每年食用菌产品的消费量约为40万吨，上海本地生产的各类食用菌产品约占上海市场消费总量的20%，市场上消费的绝大部分食用菌产品来自外省市。同时，上海工厂化生产的多种食用菌产品销往全国各地，也面临激烈的市场竞争。

梳理相关研究发现，关于消费者对农产品的购买行为及影响因素研究比较多，青平等研究了武汉市消费者绿色蔬菜的消费意愿、消费行为及其影响因素；俞美莲等通过消费者调研，实证分析了上海消费者对地产蔬菜的质量安全信任及对其购买行为的影响；张蓓等从营销组合、营销环境、消费者特征和消费者心理4个维度，分析影响消费者有机蔬菜购买行为的综合因素；刘瑞峰则利用北京、郑州、上海消费者的调查数据，实证分析了消费者购买新疆特色农产品库尔勒香梨的影响因素；乔娟、刘增金实证分析了北京消费者对高端猪肉的购买行为及影响因素；张海英研究发现绝大多数广州市消费者的购买习惯、认知程度、认知途径和功能评判对绿色农产品的购买行为有显著影响。上述研究主要是针对不同区域、不同种类的农产品消费者购买行为的研究，大多数研究对象是蔬菜、肉类、禽类、水果等，探讨消费者特征、产品认知、消费者态度、市场营销、产品标签等对消费者购买意愿、支付意愿、购买行为的影响。梳理近10年来国内有关食用菌消费、购买行为方面的研究，发现相关研究不多，且主要集中于食用菌认知、消费偏好、消费需求等方面的描述性统计分析。温秋林等采用 Logistic 回归模型对食用菌消费行为影响因素进行研究，分析了北京市消费者的食用菌消费行为与消费需求，发现存在消费频率不高、消费量偏少、品牌建设落后、消费品种较为集中、加工产品发展不足等问题，并提出了加强食用菌知识宣传和品牌培育推广、强化食用菌市场监管等建议。上述相关研究为本研究提供了有价值的借鉴和参考。

上海作为我国食用菌消费的重要市场，其食用菌市场消费对产业的发展有着重要的影响作用。针对上海消费者食用菌消费行为开展研究，分析影响食用菌消费行为的因素，了解消费者的需求，对上海乃至国内其他地区的食用菌产业发展具有积极的作用与意义。因此本研究以食用菌为研究对象，对上海 10 个区的消费者进行随机调查，从文化、社会、个人和心理等因素分析对消费者食用菌购买行为的影响因素，主要来解释消费者已有的购买行为，预测消费者未来的购买行为，以期能给政府、食用菌产业界提供一些建议和参考。

第一节 消费者行为的理论分析

消费者行为理论发展至今，已形成独特的一门理论，该理论主要围绕消费者行为的定义、消费者行为模式以及消费者行为的影响因素等几个方面展开。

根据传统经济学理论的"经济人"或者"理性人"假定，从事经济活动的消费者是自利且信息充分的，其购买行为是为了实现自己的最大经济利益。然而这种假定在现实生活中是不可能实现的，诸多经济学家对所谓的"无穷理性"深表质疑。行为经济学的奠基人、诺贝尔经济学奖得主西蒙（Simon）认为人的思维能力并非无穷无尽，人具有的是有限理性，从而提出"有限理性"的概念。消费者行为理论则是基于有限理性人的假定。

消费者行为的定义是研究消费者行为的基础。目前国内外对消费者行为的定义很多，不同的学者对消费者行为定义的表述不同，但其内涵基本是一致的，一般认为消费者行为是围绕如何获取产品或服务而做出的决策。比较有代表性的对消费者行为的定义是：个体、群体和组织为满足其需要而如何选择、获取、使用、处置产品、服务、体验和想法，以及由此对消费者和社会产生的影响。

消费者行为不仅是一种外在行为表现，更是一个复杂的内在心理决策过程。学者们对消费者的行为模式也做出了大量研究。Engel 等于 1993 年在 Howard-

Sheth 模型的基础上提出了研究消费者行为模式的 HKB 模型。该模型把消费者决策过程看做是一个解决问题的决策过程，包括信息接收、信息处理、决策过程、影响决策的变量以及社会环境的影响 5 个主要部分。该模型强调消费者的购买行为与消费者行为有所不同，消费者行为应该覆盖整个消费过程，这个过程受到社会环境的影响，而购买行为只是整个消费过程的一个阶段。Kotler 和 Armstron 则将消费者决策过程分为问题确认、信息收集、方案评价、购买决策以及购后行为 5 个相互联系的阶段。该模型重点强调了消费者的决策程序。

消费者行为理论一般认为，影响消费者行为的主要因素有文化因素（包括文化、亚文化和社会阶层等）、社会因素（包括参考群体因素、家庭因素和消费者的角色、地位等）、个人因素（包括消费者的年龄与生命周期阶段、职业、经济环境、生活方式、人格与自我概念）、心理因素（包括购买动机、知觉、学习、信仰与态度）等。然而消费者行为是一个宽泛的概念，购买行为只是消费者行为的一个阶段，前者可以理解为广义的购买行为，后者可以理解为狭义的购买行为。因此传统消费者行为理论对于消费者行为影响因素的分析过于肤浅，不足以解释消费者购买行为的内在机理。实际应用分析中，多利用消费者决策过程模型（Consumer Decision Process Model，简称 CDP）来具体描述消费者的决策行为，可以对消费者购买可追溯牛肉的决策行为起到很好的解释作用。

计划行为理论也被广泛应用于消费者行为研究。态度是社会心理学的核心概念，在早期的态度研究中，态度决定个体行为是不容置疑的观点。然而 1934 年 LaPiere 的调查发现了个体态度与其实际行为并不一致的现象，随后社会心理学掀起了研究态度与行为关系的热潮。Ajzen 将理性行为理论加以延伸，增加了第三个行为倾向的决定因素——知觉行为控制（Perceived Behavioral Control），提出了计划行为理论（Theory of Planned Bahavior，TPB），该理论在国外已被广泛应用于多个行为领域的研究，并被证实能显著提高研究对行为的解释力和预测力，对行为的解释和预测更具有适合性。

行为倾向（也称行为意向或行为意图）是个体所要采取某一行动的倾向和主观动机，即个体采取某一行动的主观概率。计划行为理论是以行为倾向来预测行为，行为倾向越强，行为发生的可能性越大。行为态度是个体对执行某特定行为喜欢或不喜欢程度的评估。行为态度包含工具性态度（有用—有害、有价值—没价值）和情感性态度（喜欢—不喜欢、愉快—不愉快）。许多研究者都认同在应用研究的测量项目中应包含上述两个方面因素。主观规范是指个体在决策是否执行某特定行为时感知到的社会压力，它反映的是重要他人或团体对个体行为决策的影响。一些研究者认为主观规范有不同类型，不同类型的规范对个体行为的影响作用不同。Cialdini 等人将主观规范划分为示范性规范、指令性规范和道德规范。知觉行为控制是指个体感知到执行某特定行为容易或困难的程度，它反映的是个体对促进或阻碍执行行为因素的知觉。Ajzen（1989）认为个体行为意图不仅受行为态度和主观规范影响，还受到个体对行为的意志力控制影响。基于意志力控制的重要性，Ajzen 提出了知觉行为控制这一概念，它代表了个体对可控制行为的执行程度，并且决定于能力、机会和资源等因素。计划行为理论结构模型图如图 5-1 所示。

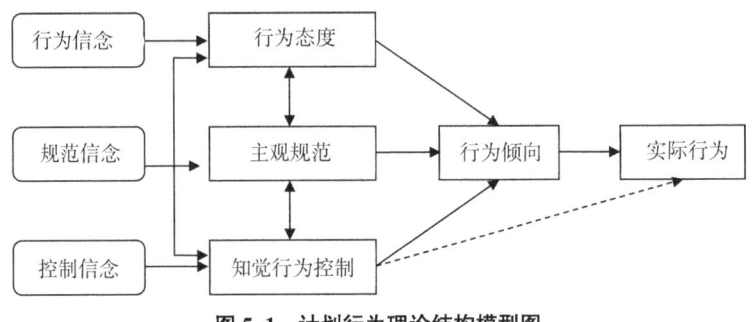

图 5-1　计划行为理论结构模型图

第二节　上海食用菌消费者行为统计性分析

上海是特大型城市，食品消费量大而且集中，作为既健康又营养的食用菌产品来说，市民消费具有一定的特点，为了进一步掌握上海食用菌产品的市场消费状况及市民消费行为，调研组选取上海 10 个区作为调查区域，了解市民对食用菌产品的认知及消费选择行为，并对调研情况做进一步分析。

一、调研情况及数据来源

本研究所采用的数据来自 2018 年 7—10 月针对上海浦东、黄浦、徐汇、长宁、静安、普陀、虹口、杨浦、闵行、奉贤 10 个城区的消费者对食用菌产品消费情况的抽样调查。根据各区的常住人口数量，按照一定的比例确定调研人数。调查采取统一问卷、随机抽样的方法，由调查员在不同的城区随机发放问卷，被调查者现场填写。调查共发放问卷 1 022 份，回收了 1 001 份，有效率达到 97.9%（表 5-1）。

表 5-1 上海市城区调查样本分布情况

调研城区	各城区人口分布（万人）	计划调查样本（人）	实际调查样本（人）
浦东新区	550	342	323
黄浦区	65	41	42
徐汇区	108	68	69
长宁区	68	43	58
静安区	106	66	53
普陀区	128	80	80
虹口区	80	50	50
杨浦区	130	81	78
闵行区	254	158	156
奉贤区	116	72	92
合计	1 605	1 001	1 001
有效样本	1 001	样本有效率	97.9%

资料来源：实地调研。

二、样本的统计性分析

1. 调查样本的基本情况

从性别分布来看，女性居多，占样本总量的57.94%。从户籍分布来看，非本地户籍所占比例较大，占样本总量的59.04%；年龄分布方面，21～35岁年龄的受访者所占比例为35.66%，其次为36～50岁、51～65岁、66岁以上和20岁以下年龄段的受访者，所占比例分别为29.77%、23.08%、6.49%和5%。从受教育程度分布来看，小学及以下的占样本总量的6.19%，中专/高中的受访者占样本总量的25.67%，大专的受访者占样本总量的16.28%，本科的受访者占样本总量的19.48%，硕士及以上的受访者占样本总量的7.49%（表5-2）。

表 5-2 消费者调查样本的基本情况

项目	类别	频数	比例（%）
性别	男	421	42.06
	女	580	57.94

续表

项目	类别	频数	比例（%）
年龄	20岁以下	50	5
	21～35岁	357	35.66
	36～50岁	298	29.77
	51～65岁	231	23.08
	66岁及以上	65	6.49
学历	小学及以下	62	6.19
	初中	249	24.88
	中专、高中	257	25.67
	本科或大专	358	35.77
	硕士及以上	75	7.49

资料来源：实地调研。

2. 调查样本的职业情况

如图 5-2 所示，从消费者的职业或身份分布来看，是政府公务人员的受访者有 18 人（占样本总量的 1.8%），是国有企事业单位的受访者有 157 人（占样本总量的 15.69%），是外企员工的受访者有 71 人（占样本总量的 7.09%），是私企/民企员工的受访者有 192 人（占样本总量的 19.18%），是自由职业者的受访者有 199 人（占样本总量的 19.88%），是退休人员的受访者有 171 人（占样本总量的 17.08%），是待业人员的受访者有 13 人（占样本总量的 1.3%），是其他人员的受访者占 180 人（占样本总量的 17.98%）。总体来看，调查样本的分布比较广泛，尽可能考虑多种职业身份。

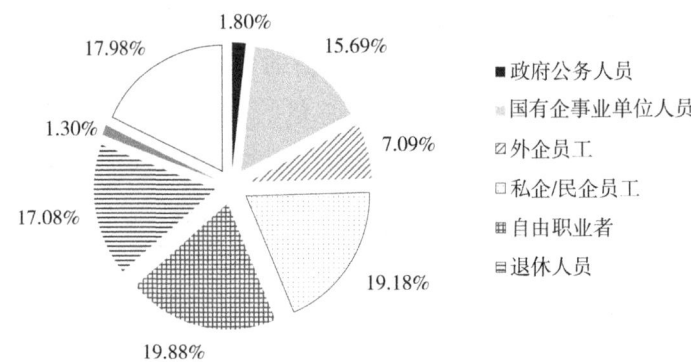

图 5-2 调查样本的职业分布
（资料来源：实地调研）

3. 调查样本的收入情况

从目前被调查消费者的年收入来看（表5-3），5万元以下的受访者有461人（占样本总量的46.05%），5万～10万的受访者有289人（占样本总量的28.87%），10万～15万的受访者有153人（占样本总量的15.28%），15万～20万的受访者有46人（占样本总量的4.60%），20万元以上的受访者有52人（占样本总量的5.20%）。

如表5-3所示，从目前被调查家庭的年收入来看，10万元以下的受访者有340人（占样本总量的33.97%），10万～20万的受访者有357人（占样本总量的35.66%），20万～30万的受访者有175人（占样本总量的17.48%），30万～50万的受访者有82人（占样本总量的8.19%），50万～100万元的受访者有36人（占样本总量的3.60%），100万元以上的受访者有11人（占样本总量的1.10%）。

表5-3　调查样本的收入情况

个人收入情况	人数	比例（%）	家庭收入情况	人数	比例（%）
5万元以下	461	46.05	10万元以下	340	33.97
5万～10万元	289	28.87	10万～20万	357	35.66
10万～15万元	153	15.28	20万～30万	175	17.48
15万～20万元	46	4.60	30万～50万	82	8.19
20万元以上	52	5.20	50万～100万	36	3.60
			100万元以上	11	1.10
合计	1 001	100	合计	1 001	100

资料来源：实地调研。

4. 调查样本的家庭情况

从家庭结构来看，家庭有1人的受访者有23人（占样本总量的2.30%），家庭有2个人的受访者有112人（占样本总量的11.19%），家庭有3人的受访者有317人（占样本总量的31.67%），家庭有4人的受访者有262人（占样本总量的26.17%），家庭有5人的受访者有189人（占样本总量的18.88%），家庭有6人的受访者有74人（占样本总量的7.39%），家庭有7人的受访者是14人（占样本总量的1.40%），家庭有8人的受访者有10人（占样本总量的1%）。总体来看，样本分布比较广泛，其中家庭人数3人及以上的占86.51%，其中有10周岁儿童的家庭占45.35%，符合我们的调研对象要求（表5-4）。

表 5-4 调研样本的家庭成员构成情况

项目	人数	比例（%）
家庭人数 1 人	23	2.30
家庭人数 2 人	112	11.19
家庭人数 3 人	317	31.67
家庭人数 4 人	262	26.17
家庭人数 5 人	189	18.88
家庭人数 6 人	74	7.39
家庭人数 7 人	14	1.40
家庭人数 8 人	10	1.00
合计	1 001	100

资料来源：实地调研。

三、消费者的购买行为分析

1. 消费者购买蔬菜产品的频率

调查发现，从来不买菜的有 75 人，占样本总量的 7.49%，偶尔买的人有 525 人，占样本总量的 52.45%，是家庭主要买菜人的有 401 人，占样本总量的 40.06%。从消费的频次来看，在买菜的人当中（偶尔买和主要买菜人），总人数有 926 人。从购买食用菌产品的情况来看，如表 5-5 所示，有 212 人是至少 3 天买一次，占买菜人数的 22.89%，占样本总量的 21.18%，选择每周买一次的受访者有 346 人，占买菜人数的 37.37%，占样本总量的 34.56%，选择每半个月买一次有 132 人，占主要买菜人的 14.25%，占样本总量的 13.19%，选择不确定什么时候购买的有 211 人，占主要买菜人的 22.79%，占样本总量的 21.08%。

表 5-5 消费者购买蔬菜的频率

项目	人数	比例（%）
至少 3 天买一次菜	212	21.18
一周买一次	346	34.56
每半个月买一次	132	13.19
很少买菜	25	2.50
不确定	211	21.08

续表

项目	人数	比例（%）
从来不买菜	75	7.49
合计	1 001	100

资料来源：实地调研。

2. 消费者购买的主要食用菌种类及选择

面对琳琅满目的食用菌产品，消费者更倾向于购买哪些食用菌种类呢？调查员给出金针菇、杏鲍菇、真姬菇、双孢蘑菇、草菇、秀珍菇、姬菇、香菇、黑木耳、茶树菇、银耳、蛹虫草、灵芝、猴头菇14种选项，并告知受访者可以多选时，受访者大都选择经常消费的香菇、木耳、金针菇等。

由表5-6、图5-3可知，金针菇、香菇、黑木耳、杏鲍菇、银耳、茶树菇、草菇是消费者购买次数最多的食用菌品种，其中金针菇最受欢迎，购买比例最高，占样本总量的86.91%，可见金针菇是人们餐桌上的常客，其次是香菇和黑木耳，消费者购买消费的以常规食用菌种类为主。

表5-6 消费者选择消费食用菌频次表

品种	金针菇	香菇	黑木耳	杏鲍菇	银耳	茶树菇	草菇
购买人数（次）	870	810	760	538	469	380	344
比例（%）	86.91	80.92	75.92	53.75	46.85	37.96	34.37

资料来源：实地调研。

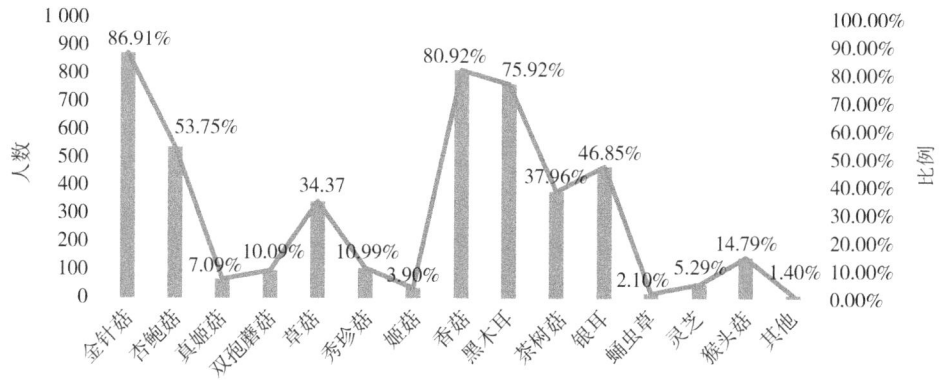

图5-3 消费者选择购买食用菌产品的频次
（资料来源：实地调研）

按食用菌产品的一次性购买量来看，选择半斤及以下的受访者有484人，占样本总量的 48.35%，选择 1 斤的受访者是 424 人，占样本总量的 42.36%，选择 2 斤的受访者是 90 人，占样本总量的 8.99%，选择 3 斤及以上的有 3 人，占样本总量的 0.3%（图 5-4）。

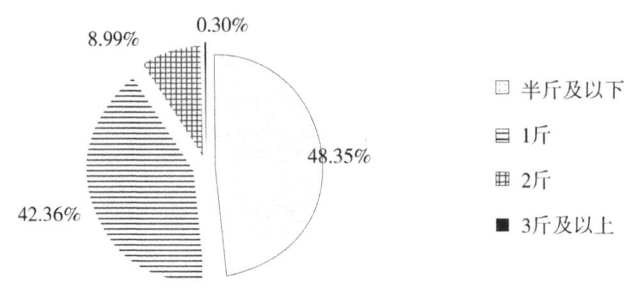

图 5-4　食用菌产品一次性购买量分布
（资料来源：实地调研）

3. 消费者购买食用菌产品的渠道

从图 5-5 可以看出，从食用菌产品的购买渠道来看，选择超市、卖场的有 713 人，占样本总量的 71.23%，选择农贸市场的有 703 人，占样本总量的 70.23%，选择电商、微信等网络平台的有 513 人，占样本总量的 51.25%，选择生产商/农户的有 35 人，占样本总量的 3.50%，选择其他渠道的有 15 人，占样本总量的 1.50%。

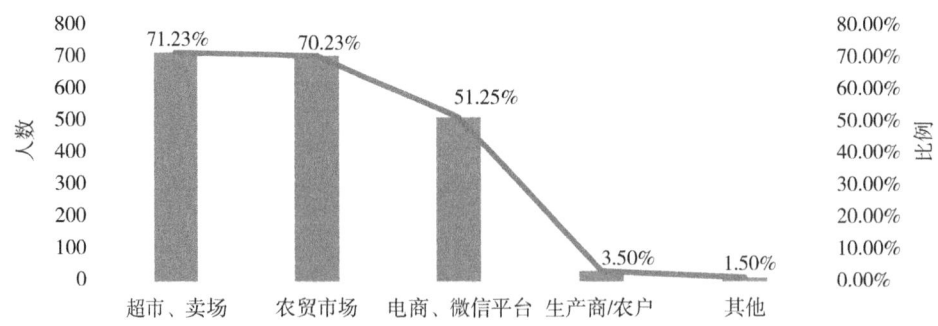

图 5-5　消费者购买食用菌产品的渠道
（资料来源：实地调研）

进一步分析消费者购买食用菌产品的主要原因，选择味道鲜美、风味独特的有 500 人，占样本总量的 49.95%，选择营养丰富、有利健康的有 664 人，占样本总量的 66.33%，选择荤素搭配、丰富食品结构的有 513 人，占样本总量的 51.25%，选择家庭或个人饮食习惯的有 209 人，占样本总量的 20.88%（图 5-6）。

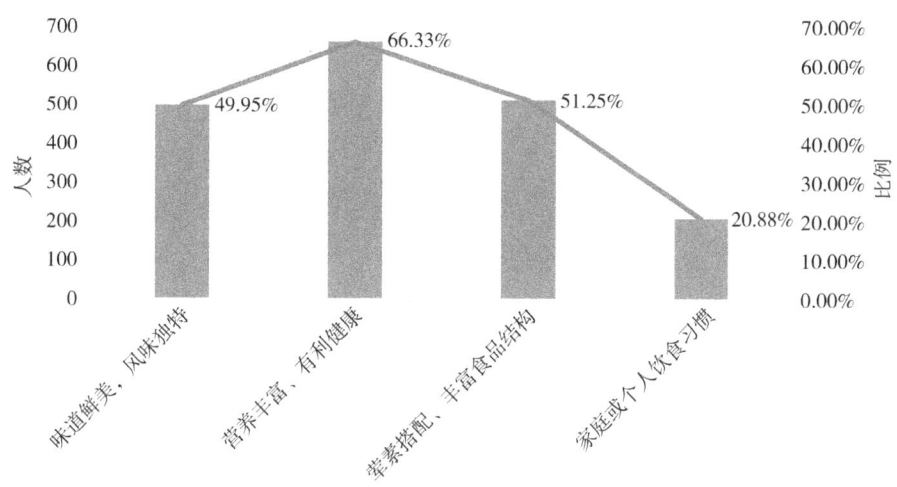

图 5-6 消费者购买食用菌产品的主要原因
（资料来源：实地调研）

四、消费者关注食用菌产品包装的信息分析

消费者在选择食用菌产品时，会考虑要了解食用菌产品的相关信息，此时客观环境提供的信息将会对消费者的决策起到十分重要的作用。如图 5-7 所示，问卷中问受访者"是否会留意产品包装上的信息时"，回答"总是会"的受访者有 374 人，占样本总量的 37.36%，回答"偶尔会"的受访者有 541 人，占样本总量的 54.05%，回答"不会"的受访者有 86 人，占样本总量的 8.59%。

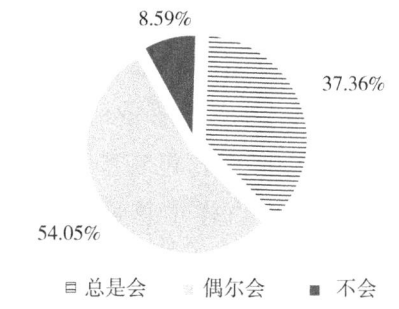

图 5-7 消费者对食用菌产品包装的关注情况
（资料来源：实地调研）

当问到会留意哪些信息时，留意"价格"的受访者有 453 人，占样本总量的 45.25%，留意"产地"的有 347 人，占样本总量的 34.67%，留意"品牌"的

有241人，占样本总量的24.08%，留意"生产商"的有184人，占样本总量的18.38%，另外留意"可追溯信息"的有98人，占样本总量的9.79%，留意"生产日期"的有706人，占样本总量的70.53%，留意"营养成分"的有233人，占样本总量的23.28%，留意"无公害/绿色"的有445人，占样本总量的44.46%。从图5-8中可以看出，食用菌产品的生产日期、价格、无公害/绿色、产地这四个信息是消费者经常关注的主要信息。

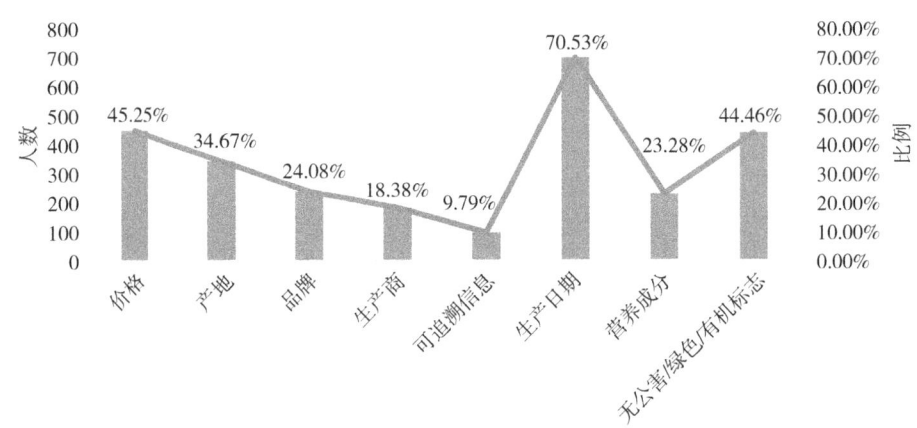

图5-8 消费者购买食用菌产品时关注的信息
（资料来源：实地调研）

五、消费者购买的食用菌产品类型

食用菌产品除了新鲜产品和干品出售外，还可以进一步加工成保健产品、美容产品、罐头产品和调味品等，当被问到"您购买的食用菌产品类型主要有哪些"时，有915人购买新鲜产品，占样本总量的91.41%，选择干制产品的有472人，占样本总量的47.15%，选择即食包装产品的有249人，占样本总量的24.88%，选择保健产品的有84人，占样本总量的8.39%，选择罐头产品的有30人，占样本总量的3%，选择调味品的有100人，占样本总量的9.99%，对于美容产品来说，消费者了解甚少，只有5个人购买过，占样本总量的0.5%（图5-9）。很多消费者不选择的原因是对产品的不了解，也没看到过相关的信息。

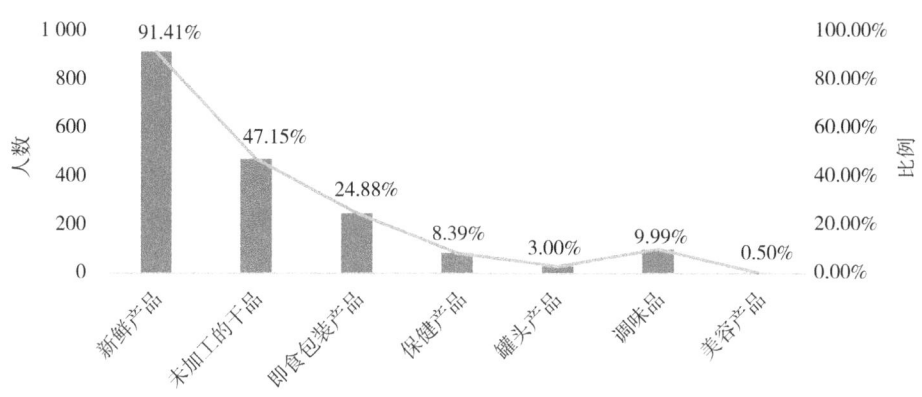

图 5-9　消费者购买的食用菌产品类型
（资料来源：实地调研）

六、消费者食用菌产品的消费行为分析

1. 食用菌产品的消费情况

为了更加深入了解上海市城乡居民消费者食用菌产品的消费行为，当问到受访者"您在外餐点菜时会点食用菌菜肴吗"？回答"总是点"的有 228 人，占样本总量的 22.78%，回答"有时点"的有 654 人，占样本总量的 65.33%，回答"几乎不点"和"从来不点"的分别是 82 人和 37 人，分别占样本总量的 8.19% 和 3.7%。可以看出平常在外餐饮时有将近 90% 的人是会点食用菌菜肴的。当问到"您多久吃一次食用菌产品"时，选择每天吃的有 51 人，占样本总量的 5.09%，选择每 2~3 天吃一次的有 293 人，占样本总量的 29.27%，选择每周吃一次的有 418 人，占样本总量的 41.76%，选择每半个月吃一次的有 163 人，占样本总量的 16.28%，选择每月吃一次的有 76 人，占样本总量的 7.59%。表 5-7 是受访者在外点餐或在家食用的食用菌种类排序。

表 5-7　受访者在外点餐或在家食用的食用菌种类排序

种类	金针菇	香菇	黑木耳	杏鲍菇	茶树菇	银耳
购买人数（人）	892	820	809	473	369	360
比例（%）	89.11	81.92	80.82	47.25	36.86	35.96

资料来源：实地调研。

2. 消费食用菌的季节选择

从一年四季食用菌的消费量来看，558位受访者选择消费量在不同季节没有差别，443位受访者选择不同季节有差别。选择有差别的受访者当中有121人认为春季消费最多，占样本总量的12.09%，选择夏季消费最多的有107人，占样本总量的10.69%，选择秋季的有5人，占样本总量的0.50%，选择冬季消费最多的有198人，占样本总量的19.78%。

选择春季是消费最少的季节的有70人，占样本总量的6.99%，选择夏季为消费最少季节的有241人，占样本总量的24.08%，选择秋季和冬季为消费最少的人数一样为74人，占样本总量的7.39%。当问到消费少的原因时，70%左右的消费者反映说夏季的蔬菜选择多了，使得消费者有更多的消费其他蔬菜的机会，因此消费食用菌的量就会有所减少。

3. 食用菌新种类的消费选择

调查中，当问到"市场上售卖食用菌新种类，您是否愿意去消费"时，有143人表示非常愿意，占样本总量的14.29%，有520人表示比较愿意，占样本总量的51.95%，有317人表示不太愿意，占样本总量的31.67%，有21人表示很不愿意，占样本总量的2.1%（图5-10）。当问到"您不愿意消费新品种的原因是什么"时，有175位受访者觉得是对产品不了解，占样本总量的17.48%，有135人选择的是不了解烹饪、食用方法，占样本总量的13.49%，有34人选择是价格贵，占样本总量的3.40%。选择的是从没吃过的品种，不想尝试的有134人，占样本总量的13.39%（图5-11）。

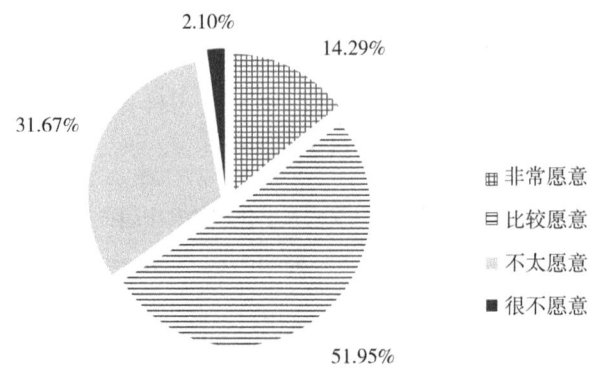

图5-10 消费食用菌新种类的愿意程度
（资料来源：实地调研）

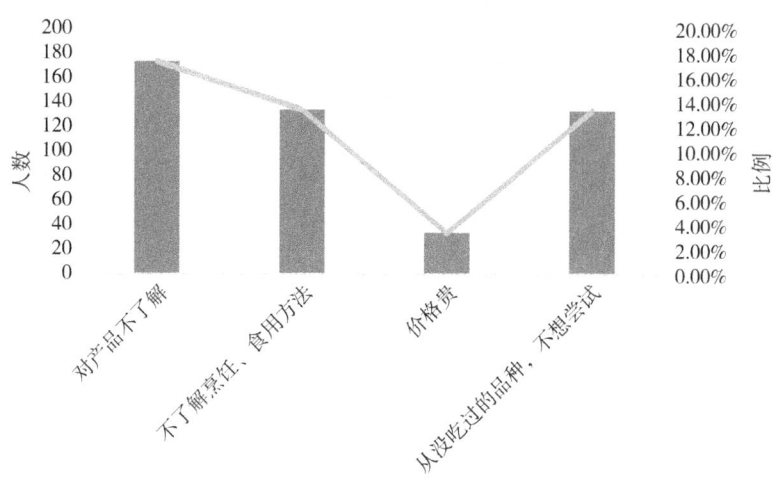

图 5-11　不愿意消费食用菌新种类的原因
（资料来源：实地调研）

4. 消费食用菌产品最注重的因素

当问到受访者"您在消费食用菌时，最注重因素是什么"，有 502 位受访者表示营养成分、保健功效是最注重的，占样本总量的 50.15%，有 448 位受访者表示口味、风味是最注重的因素，占样本总量的 44.76%，有 302 位受访者表示荤素搭配是最注重的因素，占样本总量的 30.17%，有 94 位受访者表示是为了增加菜品，占样本总量的 9.39%。当问到受访者是否消费过食用菌保健品时，有 237 位受访者表示消费过，占样本总量的 23.68%，有 764 位受访者没有消费过食用菌保健品，占样本总量的 76.32%（图 5-12）。

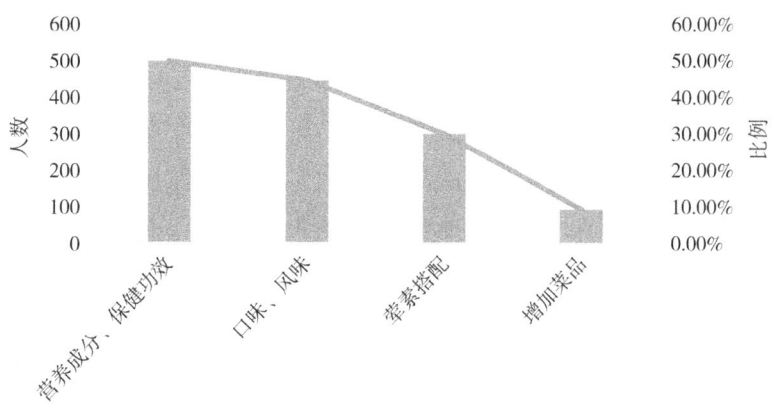

图 5-12　消费者消费食用菌最注重的因素
（资料来源：实地调研）

5. 食用菌深加工产品的认知情况

进一步问到"您认为食用菌可做哪些方面的深加工"时,有437位受访者表示可以做成速食食品,占样本总量的43.66%,有173位受访者表示可以做成粉剂,占样本总量的17.28%,有120位受访者表示可以做成胶囊,占样本总量的11.99%,有99位受访者表示可以做成膨化食品,占样本总量的9.89%,有45位受访者表示可以做成片剂,占样本总量的4.5%,有217位受访者表示可以做成罐头,占样本总量的21.68%,有303受访者表示可以做成速溶汤料,占样本总量的30.27%,另外有73位受访者选择其他,占样本总量的7.29%(图5-13)。

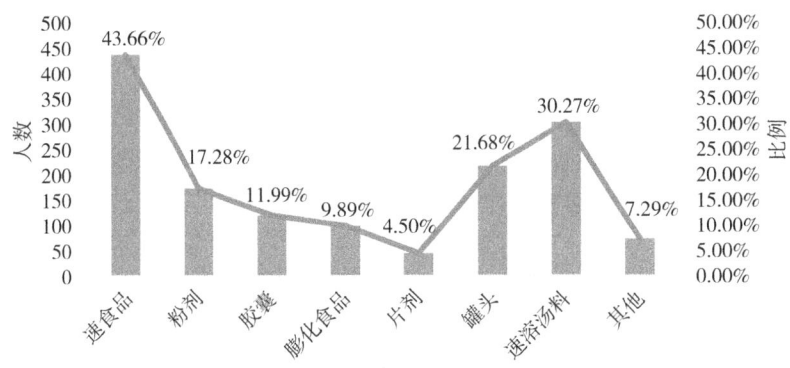

图 5-13 对食用菌深加工产品的认知情况
(资料来源:实地调研)

七、消费者对食用菌产品的认知分析

1. 食用菌产品信息来源渠道

消费者在选择食用菌产品时,会考虑要了解食用菌产品的相关信息,此时客观环境提供的信息将会对消费者的决策起到十分重要的作用。当调查者问到"您对食用菌知识及其产品的了解主要来源于哪些渠道"时,有373位受访者认为是电视广播,占样本总量的37.26%,有185位受访者选择报纸杂志,占样本总量的18.48%,有366位受访者选择网络,占样本总量的36.56%,有408位受访者选择购买场所,占样本总量的40.76%,有323位受访者选择亲朋好友介绍,占样本总量的32.27%,有127位受访者选择广告宣传,占样本总量的12.69%,有104位受访者选择科普讲座,占样本总量的10.39%,有48位受访者选择其他的方式,占样本总量的4.8%。其中选择购买场所、网络、电视广播、亲朋好友介绍、报纸杂志的人数一次排在前5位（图5-14）。就不同信息渠道来看，食用菌产品购买场所还是影响比较大的，也在很大程度上影响消费者对食用菌产品的判断。网络、电视广播这种传播媒体对消费者的影响很大，发达的信息传播途径为知识及信息的及时送达创造了良好的条件。

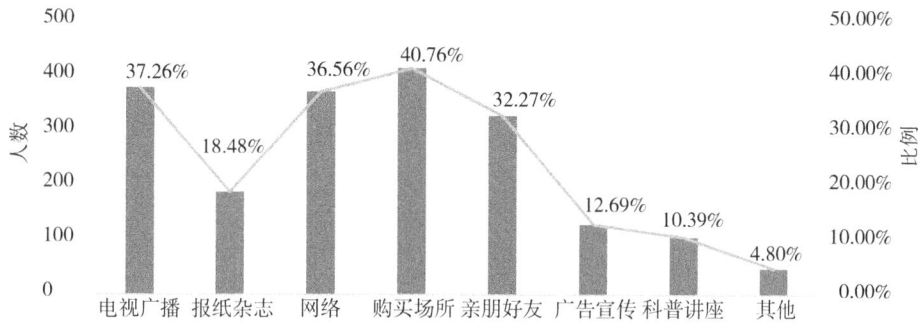

图 5-14　消费者获取食用菌产品信息的渠道
（资料来源：实地调研）

2. 工厂化食用菌和常规食用菌产品的认知

在问到工厂化食用菌的质量安全是否比常规食用菌方面更有保障时，有490位受访者的选择"是"，占样本总量的48.95%，有69位受访者选择为"否"，占样本总量的6.89%，有120位受访者的选择是"没有差别"，占样本总量的11.99%，有322位受访者选择的是"不清楚"，占样本总量的32.17%。在问到工厂化食用菌的口味是否比常规食用菌产品更好时，有289位受访者的选择"是"，占样本总量的28.87%，有142位受访者选择为"否"，占样本总量的14.19%，有203位受访者的选择是"没有差别"，占样本总量的20.28%，有367位受访者选择的是"不清楚"，占样本总量的36.66%（表5-8）。

表 5-8　受访者对工厂化食用菌安全及口味的认知

工厂化食用菌更有质量保证	人数	比例（%）	工厂化食用菌口味更好	人数	比例（%）
是	490	48.95	是	289	28.87
否	69	6.89	否	142	14.19
没有差别	120	11.99	没有差别	203	20.28
不清楚	322	32.17	不清楚	367	36.66
合计	1 001	100	合计	1 001	100

资料来源：实地调研。

3. 食用菌品牌的了解情况

受访者对食用菌品牌的认知情况，如图5-15所示，有42位受访者选择非常了解，占样本总量的4.2%，有234位受访者选择比较了解，占样本总量的23.38%，有634位受访者选择不太了解，占样本总量的63.34%，有91位受访者选择很不了解，占样本总量的9.09%。总体来看，消费者对食用菌的品牌认知程度不高。调查消费者对"有品牌的食用菌产品质量安全是否更有保障"时，有525位受访者认为"是"，占样本总量的52.45%，有438位受访者认为"不一定"，占样本总量的43.76%，有38位受访者选择"否"，占样本总量的3.8%。

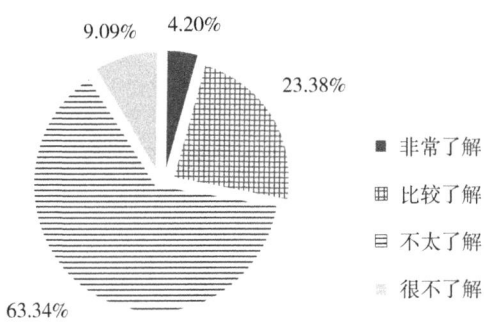

图 5-15　食用菌品牌的了解情况
（资料来源：实地调研）

4. 食用菌栽培及营养的了解情况

受访者对食用菌产品的栽培、生产流程的了解情况，如表5-9所示，有58位受访者选择"非常了解"，占样本总量的5.79%，有182位受访者选择比较了解，占样本总量的18.18%，有607位受访者选择不太了解，占样本总量的60.64%，有154位受访者选择很不了解，占样本总量的15.39%。同时也调查了消费者对食用菌产品的营养了解情况，调查来看，有56位受访者选择"非常了解"，占样本总量的5.59%，有350位受访者选择比较了解，占样本总量的34.97%，有528位受访者选择不太了解，占样本总量的52.75%，有67位受访者选择很不了解，占样本总量的6.69%。总体来看，被调查消费者对食用菌产品的营养认知程度不高。但大部分被调查者还是很想了解食用菌产品的生产情况，具体被问到通过什么渠道了解时，有276位受访者选择科普讲座，占样本总量的27.57%，有413位受访者选择工厂、农场现场参观，占样本总量的41.26%，有472位受访者选择网络、微信等新媒体，占样本总量的47.15%，有187位受访者选择报纸、杂志等纸质媒体，占样本总量的 18.68%（图 5-16）。

表 5-9 食用菌栽培及营养的了解情况

对食用菌生产及栽培的了解情况	人数	比例（%）	对食用菌营养了解情况	人数	比例（%）
非常了解	58	5.79	非常了解	56	5.59
比较了解	182	18.18	比较了解	350	34.97
不太了解	607	60.64	不太了解	528	52.75
很不了解	154	15.39	很不了解	67	6.69
合计	1 001	100	合计	1 001	100

资料来源：实地调研。

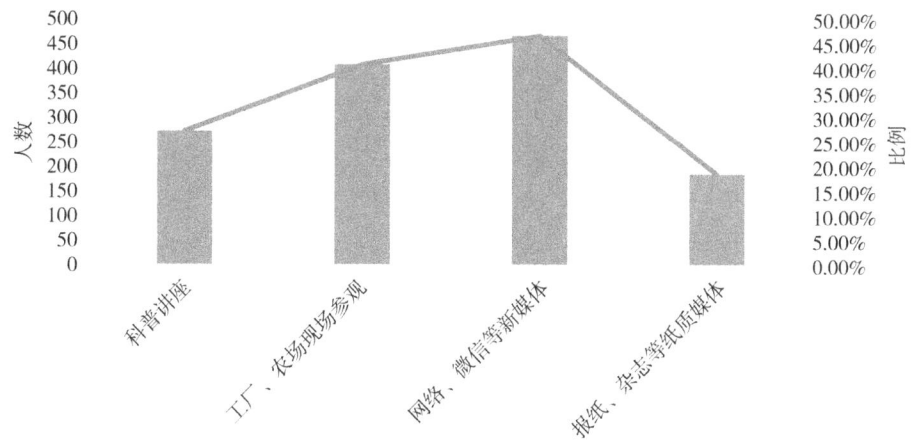

图 5-16 受访者愿意了解食用菌产品的渠道
（资料来源：实地调研）

八、消费者对食用菌产品的支付意愿

1. 对口味及营养的支付意愿

消费者对食用菌的消费，很大一部分还是注重口味，如图 5-17 所示，有 243 位受访者非常愿意为口味支付更高的价格，占样本总量的 24.27%，有 621 位受访者选择比较愿意，占样本总量的 62.04%，有 130 位受访者选择不太愿意，占样本总量的 12.99%，有 7 位受访者选择很不愿意，占样本总量的 0.7%。当问及受访者是否愿意为营养价值支付更高的价格时，有 358 位受访者选择非常愿意，占样本总量的 35.76%，有 552 位受访者选择比较愿意，占样本总量的 55.14%，有 87

位受访者选择不太愿意,占样本总量的 8.70%,有 4 位受访者选择很不愿意,占样本总量的 0.4%(图 5-18)。

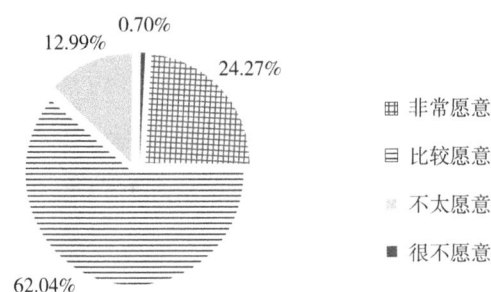

图 5-17 受访者对食用菌产品口味的支付意愿
(资料来源:实地调研)

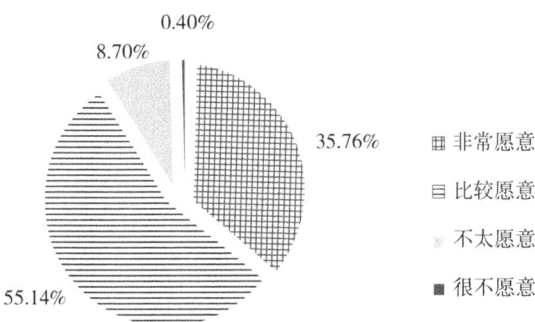

图 5-18 受访者对食用菌产品营养的支付意愿
(资料来源:实地调研)

2. 对品牌的支付意愿

如图 5-19 所示,调研中发现,消费者对食用菌产品的品牌认知度不高,但由于对食品安全的关注,被调查消费者中有 136 位受访者非常愿意为品牌产品支付更高的价格,占样本总量的 13.59%,有 503 位受访者选择比较愿意,占样本总量的 50.25%,有 338 位受访者选择不太愿意,占样本总量的 33.76%,有 24 位受访者选择很不愿意,占样本总量的 2.4%。如图 5-20 所示,对于品牌产品愿意支付更高的价格中,愿意支付高多少时,41.76% 的受访者对于品牌产品愿意支付高 10% 的价格,30.27% 的受访者对于品牌产品愿意支付高 20% 的价格,16.38% 的受访者对于品牌产品愿意支付高 30% 的价格,6.19% 的受访者对于品牌产品愿意支付高 40% 的价格。

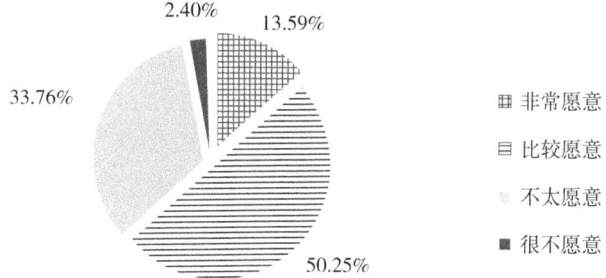

图 5-19　受访者对食用菌品牌的支付意愿
（资料来源：实地调研）

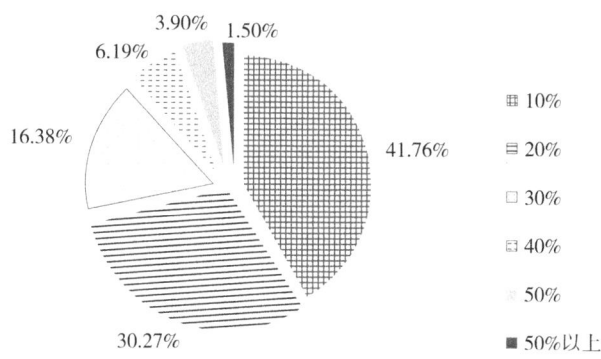

图 5-20　受访者愿意为食用菌品牌支付的价格比例
（资料来源：实地调研）

第三节　上海消费者食用菌消费行为影响因素计量分析

一、影响因素分析与变量选择

由于消费者是一个"复杂人"群体，消费者购买商品的过程中受到各种因素的影响。根据消费者行为理论，消费者的购买行为主要受到文化、社会、个人和心理 4 种因素影响，因此本研究根据该理论及其研究需要，将消费者购买食用菌产品可能的影响因素作如下梳理。

1. 社会因素

主要是家庭中小孩的情况。一般在家庭中，父母对小孩的健康尤为关注，家长对于营养丰富的食品会表现出更强的购买欲望。本研究将家庭中是否有10岁以下的小孩作为一个衡量的指标。预期小孩情况对消费者食用菌产品的购买行为正相关。

2. 文化因素

该因素包括受教育程度和职业。消费者的受教育程度和职业会影响消费者的消费观念和收入,从而影响消费者的食用菌购买行为。本研究将学历按等级界定,将是否为公务员或事业单位人员这两个变量纳入模型,其对食用菌产品的预期作用不确定。

3. 经济因素

包括个人年收入和家庭年收入。消费者理论将消费者收入作为研究消费的一个重要因素。人们要用既定的收入来满足自己的衣食住行,那么购买食用菌也自然会考虑食用菌的价格。本研究将个人年收入和家庭年收入纳入模型,预期消费者的个人和家庭年收入越高,购买食用菌产品可能性就越大。

4. 心理因素

心理因素是影响消费者购买行为的驱动因素,主要受动机、感受、学习以及态度等主要心理因素的影响。本研究将心理因素细化为购买动机、在外消费情况、饮食倡议、政府监管信任程度、质量安全放心程度、品牌了解情况、生产流程了解情况。消费者根据接收到的产品和销售的信息,产生对产品的认知,进而产生购买动机,在动机的驱使下,引起对产品的搜寻行为,受到产品的品牌、经销商因素等影响转化为实际的购买行为。本研究将以上几个心理因素变量纳入模型。其中在外消费情况的问题是"在外就餐时是否会点食用菌产品?",饮食倡议的问题是"是否同意'一荤一素一菌'的饮食结构倡议?",政府监管信任程度通过"您对政府监管下的食用菌产品质量安全的信任度"这个问题来反映,预期同意饮食倡议、在外就餐时点食用菌越多、政府监管程度越高、质量安全放心程度越高、食用菌品牌了解程度越高、食用菌产品生产流程了解程度越高,消费者购买食用菌产品的可能性也就越大。

二、模型建立

由于本研究的问题是消费者是否经常购买食用菌产品,每周至少购买一次,选择"是",表示会经常购买;一周以上购买一次的选择"否",表示不会经常购买;回答包括"是""否"两个选择,是典型的二分选择问题。二元选择模型主要包括二元 Logit 模型和二元 Probit 模型,鉴于大多数学者采用二元 Logit 模型,本研究采用二元 Logit 模型对其进行估计(表 5-10)。在研究模型中,将消费者是否经常购买食用菌产品作为二项 Logistic 回归模型的因变量,$Y=1$ 为经常购买食用菌产品,$Y=0$ 为不经常购买食用菌产品,本模型的表达式为:

$$Y = \ln\left(\frac{P}{1-P}\right) = \alpha + \sum_{i=1}^{n} \beta_i X_i + \mu$$

式中:Y 为消费者对食用菌产品的购买行为,X_i 表示影响消费者购买食用菌产品的因素,P 表示消费者购买食用菌行为的概率,α 为常数项,β_i 表示为 X_i 的回归系数,μ 表示随机误差。

表 5-10 自变量的定义

名称	定义	赋值	均值	标准差
性别	性别:①男 ②女	男 =1,女 =0	0.42	0.49
籍贯	①上海本地 ②外地	上海本地 =1,外地 =0	0.41	0.05
年龄	① 20 岁以下 ② 21-35 岁 ③ 36-50 ④ 51-65 ⑤ 66 岁及以上	按照年龄由小到大赋值 1 到 5	2.90	1.01
受教育程度	①小学及以下 ②初中 ③中专/高中 ④本科/大专 ⑤硕士及以上	按学历程度由低到高赋值 1 到 5	3.13	1.07
职业	是否为公务员或事业单位人员	是 =1,否 =0	0.17	0.38
个人收入	您目前的年收入	5 万元(人民币,下同)以下 =1,5 万~ 10 万元 =2,10 万~ 15 万元 =3,15 万~ 20 万元 =4,20 万元以上 =5	1.94	1.12
家庭收入	家庭年收入	10 万元以下 =1,10 万~ 20 万元 =2,20 万~ 30 万元 =3,30 万~ 50 万元 =4,50 万~ 100 万元 =5,100 万元以上 =6	2.15	1.14
家庭人口数	实际数值(人)		3.81	1.31
小孩情况	家中是否有 10 周岁以下的儿童	是 =1,否 =0	0.45	0.50
购买动机	口味是不是您购买的主要因素	是 =1,否 =0	0.50	0.50
	营养是不是您购买的主要因素	是 =1,否 =0	0.66	0.47
在外消费	在外点餐时是否会点食用菌	是 =1,否 =0	0.88	0.32
饮食倡议	您觉得日常"一荤一素一菌"的倡议如何	同意 =1,其他 =0	0.70	0.05

续表

名称	定义	赋值	均值	标准差
政府监管信任	您对政府监管的食用菌安全质量的信任度	非常信任=1，比较信任=2，不太信任=3，很不信任=4	2.07	0.60
放心程度	您觉得目前上海市场上销售的食用菌产品质量安全如何	非常放心=1，比较放心=2，不太放心=3，很不放心=4	2.07	0.56
品牌了解	您对市场上销售的食用菌品牌了解吗	非常了解=1，比较了解=2，不太了解=3，很不了解=4	2.77	0.66
品牌保障	您是否认为有品牌的食用菌产品质量安全更有保障	是=1，否=0	0.52	0.50
生产流程了解程度	你对食用菌产品的栽培、生产流程了解吗	非常了解=1，比较了解=2，不太了解=3，很不了解=4	2.86	0.74
营养、保健功效了解程度	您对食用菌产品的营养、保健功效了解吗	非常了解=1，比较了解=2，不太了解=3，很不了解=4	2.60	0.70

资料来源：实地调研。

三、影响因素的计量分析

本研究利用 stata13.0 软件对模型进行估计，估计结果如表 5-11 所示。由模型的伪 $R2$、LR 似然值及其 P 值可知，模型的拟合优度和变量整体显著性都很好。

表 5-11 模型估计结果

变量	系数	边际概率	Z值
性别	0.09	0.02	0.61
户籍	−0.03	−0.008	−0.23
年龄	0.49***	0.12	6.36
受教育程度	−0.24***	−0.06	−3.34
职业	−0.32*	−0.08	−1.67
年收入	−0.11	−0.03	−1.33
家庭年收入	0.08	0.02	0.92
家庭人口数	−0.05	−0.01	−0.82
小孩情况	−0.07	−0.02	−0.47
口味	0.39***	0.10	2.75
营养	−0.22	−0.05	−1.45
在外点餐情况	0.64***	0.16	2.81

续表

变量	系数	边际概率	Z值
饮食倡议	0.73***	0.18	4.65
政府监管信任	−0.18	−0.04	−1.29
质量安全放心程度	0.07	0.02	0.46
品牌了解程度	−0.15	−0.04	−1.18
品牌保障	0.34**	0.08	2.40
生产流程了解程度	0.22*	0.05	1.85
营养保健功效了解程度	−0.33***	−0.08	−2.66
常数项	−0.52	—	−0.76
Pseudo R2		0.120 4	
LRchi2（19）		165.37	
Prob		0.000 0	

注：***、**、* 分别表示在1%、5%及10%上显著。

根据模型估计结果，年龄、受教育程度、职业、口味、在外点餐情况、饮食倡议、品牌保障、生产流程了解程度、营养保健功效了解程度9个变量显著影响食用菌的购买行为。具体而言，年龄正向显著影响食用菌产品的购买行为，即年龄越大的消费者购买食用菌产品的可能性越大。从边际效果来看，当其他因素一定时，受访者的年龄每增加一个等级，其购买食用菌产品的概率平均增加0.12；受教育程度负向显著影响食用菌产品的购买行为，即受教育程度越低的消费者越倾向于购买食用菌产品。

在对调研群体进一步了解中发现，在目前的家庭结构中，承担买菜做饭任务的大多是五六十岁或以上的家中长辈，这个年龄段的群体虽然总体学历偏低，但大都社会生活经验丰富，出于自身养生保健的需求，他们更加关注摄食对身体健康的影响，对这方面知识的学习认知也远比一般年轻人深入，所以往往成为食用菌市场购买的主力消费群。

职业负向显著影响食用菌产品的购买行为，但显著性一般，即公务员、事业单位的消费者购买食用菌产品的可能性较小。可能的原因是，该部分消费者往往不是家庭中承担买菜的主要成员，因此购买食用菌的可能性相对较小。

口味正向显著影响食用菌产品的购买行为，即认为口味鲜美的消费者购买食用菌产品的可能性就越大，从边际效果来看，认为食用菌口味鲜美的消费者相比不认为其口味鲜美的消费者购买食用菌的可能性高0.1%。

在外点餐的消费方式显著影响消费者的购买行为，即消费者在外点餐点食用菌的消费者更倾向于购买食用菌产品，从边际效果来看，平常在外点餐点食用菌的消费者比在外点餐不点食用菌的消费者购买食用菌的可能性高0.16%。

饮食倡议正向显著影响食用菌产品的购买行为，即消费者越是同意"一荤一素一菌"的倡议，越倾向于经常购买食用菌产品。从边际效果来看，相比没有同意饮食倡议的消费者，同意"一荤一素一菌"饮食倡议的消费者愿意购买食用菌的可能性平均高0.18%。

品牌保障显著影响食用菌产品的购买行为，即消费者越认为有品牌的食用菌产品更有保障越会倾向于购买食用菌产品。从边际效果来看，相比不认为有品牌的食用菌产品质量安全更有保障的消费者来说，认为有品牌的食用菌更有质量安全保障的消费者购买食用菌的可能性平均高0.08%，这在调研中也得到了验证，受访者购买食用菌的时候往往更注重食用菌产品的口味、营养、品牌、宣传等因素。

生产流程了解程度负向显著影响食用菌产品的购买行为，对食用菌产品生产栽培过程越不了解的消费者，越倾向于购买食用菌产品。从边际效果来看，消费者对食用菌产品的栽培、生产流程的了解程度每增加一个等级，如从比较了解到非常了解，选择购买食用菌产品的可能性平均减少0.05%，这可能由于对食用菌产品的栽培、生产流程的了解程度越深，消费行为也会更加经济、理性化；也可能是部分消费者对以往传统生产模式了解较多，对传统模式中存在的隐患存在担心，从而减少食用菌的购买。

营养保健功效了解程度正向显著影响食用菌产品的购买行为，即越是对食用菌产品的营养、保健功效了解越多，越倾向于购买食用菌产品。从边际效果来看，消费者对食用菌产品的营养、保健功效的了解程度增加一个等级，如从比较了解到非常了解，消费者购买食用菌的产品的可能性就提高0.08%，食用菌被称为"素中之荤"，营养价值很高，这符合在生活中消费者对它的营养、保健功效越认可，越会倾向于购买。

第四节 主要结论与对策建议

一、主要结论

本研究以食用菌产品为例，利用上海市消费者的问卷调查数据，描述性统计分析了消费者对食用菌产品的消费行为及特征，并实证分析了对食用菌产品购买行为的影响，所得出的主要结论如下。

第一，90.71%的消费者每次的购买量在500克以下，金针菇、香菇、黑木耳、杏鲍菇、银耳、茶树菇、草菇是消费者购买频次较高的食用菌品种，而那些最近几年在市场上推出的食用菌新种类，由于消费者对这些新种类缺乏了解，尚未形成消费习惯，因此购买的频次不高。55.75%的受访者每周至少买一次食用菌产品，消费者主要通过购买场所、网络、电视广播、亲朋好友介绍、报纸杂志来了解食用菌产品的信息。

第二，年龄、受教育程度、职业、口味、在外点餐情况、饮食倡议、品牌保障、生产流程了解程度、营养保健功效了解程度9个变量显著影响食用菌的购买行为。具体而言，年龄越大、受教育程度越低、认可品牌保障、认为食用菌味道鲜美、在外餐食点食用菌产品、同意"一荤一素一菌"倡议、对保健功效了解程度越高的消费者对食用菌的购买频次越多。另外，公务员或事业单位工作人员、对食用菌产品的生产流程等有所了解的消费者，购买食用菌产品的可能性较低，这一定程度上说明食用菌科普以及产品宣传推介的群体选择、渠道、方式等还有待改进。

二、对策建议

第一，加强食用菌科普、宣传，引导健康消费理念。政府、食用菌行业组织、科研机构、生产经营企业等应加强对食用菌产业、食用菌营养和保健功能等方面的科普和宣传工作，特别要加强对以中青年人群为主的新生代消费者和公务员、事业单位人群的科普与推介。积极引导消费者树立健康消费的理念，在国民教育中，开展对食用菌知识的普及宣传。在全社会大力倡导"一荤一素一菌"饮食结构，使得"一荤一素一菌"成为广大消费者日常饮食习惯。充分利用新媒体渠道和科普讲座等渠道有效传播食用菌的知识，开展食用菌工厂化生产企业或生产基地参观、食用菌美食烹饪节目等多种活动，提高大众对食用菌产业及其产品的认知水平，提升大众对食用菌美食的消费需求，从而有效促进食用菌消费。

第二，加大品牌建设力度，提升消费者满意度。食用菌企业等生产经营主体应加强食用菌品牌建设，加大品牌宣传力度，树立优质、健康、安全有保障的品牌形象，从而提升品牌的美誉度和影响力、市场竞争力，提升消费者对品牌食用菌的信任水平和消费者满意度，增加消费者对品牌食用菌的消费。

第三，以市场为导向，提升食用菌产业有效供给水平。政府要加强食用菌产业的顶层设计，在土地资源、产业发展政策方面，为食用菌产业的健康发展提供稳定的支持及政策保障。食用菌企业等生产经营主体要以市场为导向，加强与科研院所的产学研合作，研发美味、安全、健康、营养的食用菌产品，提升企业及产品的市场竞争力，做优做强食用菌产业，提升食用菌产业有效供给水平，向消费者提供优质、安全的食用菌产品，通过提升消费者消费水平，促进食用菌产业的健康稳定发展。

第六章

上海食用菌产业：
市场特点及流通格局

第一节　上海食用菌产业市场分析

一、食用菌市场特点

1. 食用菌大市场格局特点

上海是一个有着 2 500 万常住人口的超大型城市,市民主要消费食用菌产品为香菇、双孢蘑菇、木耳、金针菇、蟹味菇、杏鲍菇等品种,究其原因是市民的消费习惯、产品的价格定位、市民的认知度等。香菇、木耳等面对的是大众消费群体,而金针菇、杏鲍菇等面对的是宾馆、饭店等中高档餐饮单位,每年食用菌产品消费量约为 40 万吨。上海本地生产的食用菌产品以工厂化生产的金针菇、真姬菇、杏鲍菇等为主,但也不仅是在本市销售,其中的 60% 销往全国各地,也就是说上海市生产的食用菌产品仅占市民消费总量的 20%,绝大部分食用菌产品是来自外省市,说明食用菌产品的大流通、大市场格局已经形成。

2. 批发市场仍是食用菌销售的主要模式

目前食用菌主要品种还是以鲜品销售为主,深加工产品还未兴起,销量也不大。因此,目前上海市食用菌产品主要销往批发市场,部分合作社也多由小商小贩上门收购。上海虽然有高质量的食用菌产品,但没有固定、稳定的销售渠道,只能在批发市场上与来自全国各地的食用菌产品竞争,由于定价权掌握在批发商手中,体现不出优质优价,影响企业的竞争力提升。

3. 食用菌消费市场开发潜力较大

在上海的市场调查中发现,随着市民生活水平的提升及对健康的关注,对食用菌的营养价值与保健功能的认识逐步加深,消费群体也越来越大。从上海大型批发市场秋、冬、春日批发量情况来看,曹安 90 吨,江桥 30 吨,北蔡、七宝、中山各 15 吨,合计 165 吨;而夏季(6—8 月)由于高温影响食用菌生产与产量,货源减少,销量也减半,合计年批发量约为 6.8 万吨,加上大型超市销售量约 2.0 万吨,总计 8.8 万吨。上海的食用菌市场还可辐射到周边的江浙一带,如苏州、常州、杭州、嘉兴等地,预计每年销售量 3 万~5 万吨。这样立足上海内销食用菌，每年可达 12 万吨以上，缺口量很大，缺口就是市场开发的潜力。

二、地产食用菌产品市场竞争力分析

（一）优势分析

1. 自然条件优越

上海市区域内地势平坦，海拔 2～4 米。河流交织成网，水上交通发达。地下水资源丰富。土壤为轻壤土和中壤土。地处亚热带海洋性气候，温和湿润，四季分明。年平均气温 15.7℃，极端最高温度可达 37℃以上，极端最低温度可低至 -5℃，无霜期 224.5 天。常年日照为 2 004.6 小时。年降水量 1 144.9 毫米。优异的土、水、气等条件，适宜于食用菌、蔬菜、水果等的栽培。

2. 市场优势

上海是拥有 2 500 万人口的超大城市，市场消费量大且集中。随着人们对生活品质消费的追求及健康营养的需求，对食用菌的认知也有较大的提高，对食用菌产品的信赖度也越来越高，食用菌产品的消费也逐步增加。按照人均 50 克的消费量，上海市每天消费约 1 000 吨食用菌各类产品，具有较大的消费市场优势。此外，由于食用菌产品对品质（食品安全等）要求高、对新鲜度要求高，具有较高价格的食用菌产品依然受到市民的青睐。

3. 技术优势

上海食用菌工厂化生产在发展的同时，企业和科研单位在品种研发和栽培技术工艺研究方面创新成果不断涌现。上海丰科生物科技有限公司自主培育的系列品种，在国内市场上有很高的占有率。"丰科"在布局全国基地过程中，逐渐提升设施水平和生产工艺，由最初的 16 瓶/筐，改为 25 瓶/筐，目前最新的工厂采用 36 瓶/筐，并计划建设无人智能化工厂。

（二）劣势分析

1. 生产成本居高不下

在上海这样的国际大都市发展农业，用工、用地、用电成本高，原料成本高，而近年来食用菌产品的价格却没有提高，这些都成为挫伤种植户生产积极性、影响食用菌生产发展的重要因素。用工成本在食用菌生产中占较大比例，传统栽培方式尤其需要较高强度的劳动力，而从事农业的劳动力出现了年龄老化、用工成本上升等现象，甚至时常"一工难求"，劳动力价格的上涨直接影响了生产成本。工厂化食用菌生产企业在上海本地的生产基地与外省市其他基地相比，劳动力成本甚至可能超出一倍。

2. 土地资源较难得到保障

近年来，由于城市化进程的加快推进，土地资源日趋紧张，特别是建设用地及设施农用地，越来越紧缺。而食用菌产品的生产，特别是工厂化食用菌厂房，需要建设用地或者设施农用地指标，但由于食用菌企业生产的产品属于农产品范畴，基本不纳税，所以很难获得建设用地指标，造成很多企业无法在上海建设厂房，只能搬离上海，造成上海食用菌产业的萎缩。

（三）机遇分析

1. 切入食用菌迅猛发展的大好时机

食用菌由于其独特的营养价值、风味和保健功能，越来越为人们认识，因而市场消费量大增，也带动生产迅速发展。作为国际性大都市的上海，2018年上海的居民人均可支配收入达64 183元，收入为全国领先，随着人们生活水平的提高及人们对健康、营养的关注，食用菌的消费还会呈持续增长态势。

2. 上海重视食用菌产业的发展

正是由于上海食用菌市场需求的急剧上升，上海市有关部门十分重视食用菌产业的发展，2017年启动了上海食用菌产业技术体系，通过产、学、研结合的形式支持产业的发展。针对上海双孢蘑菇、草菇、香菇、金针菇、真姬菇五大品种的优势，以选育高产、优质品种替代进口为目标，收集评价国内外特色资源，通过自主创新与引进、消化相结合，培育出具有自主知识产权新品种，解决目前完全依赖进口的局面，形成双孢蘑菇等标准化食用菌工厂化生产示范点，做到标准化栽培技术应用率高、生物转化率高、产品等级高、生产效益好，成为国内食用菌生产企业的典范。

（四）挑战分析

1. 贸易壁垒的挑战

众多的研究表明，我国加入WTO前后，贸易壁垒时有发生。2002年后，日本、美国、欧盟以及新加坡、马来西亚、泰国等国家提升检测标准，使蘑菇、香菇、松茸等大批出口产品受阻，损失严重。这对于以出口为主的企业来说，是非常严峻的考验。

2. 食用菌市场竞争剧烈

就上海来说，本地生产的食用菌总量还不能满足市民消费的需要，因而，外省的食用菌大批量涌入。一般上海自产的食用菌价格高，外省进入的价格相对低。如秀珍菇，上海产的一般批发价为9~11元/千克，而外地产品价格为7~9元/千克，外地产品的较低价格，又会冲击本地产品价格，造成市场竞争剧烈。

3. 品牌建设的挑战

食用菌产业竞争归根结底是品牌的竞争。同是工厂化生产真姬菇、白玉菇，上海目前虽只有一家，但起步早，已创立自己的品牌"丰科"；日后，永大公司也同样要工厂化生产这两种菇，在没有形成品牌前，很难与先行者竞争。

4. 经营管理上的威胁

农业产业化是农业现代化的重要内容之一。现代农业的三大特征之一，是导入现代的经营管理手段，靠现代有效的管理模式创效益。特别是工厂化生产部分，用工大大减少，靠的是机械化、电脑控制，这与常规栽培靠劳动密集型大大不同，必须靠人才、靠技术取胜，否则将面临新的威胁。传统的生产模式通过技术革新向工厂化、现代化模式转型，技术的创新通过机械化、智能化手段，但更重要的是现代化经营管理手段的创新，由于农业类企业经营管理人才较缺乏，因此工厂化企业不同程度的遭遇到经营管理方面的威胁。

第二节 食用菌产品流通分析

一、流通渠道分析

上海食用菌产品的流通模式主要有以下4类。

第1类食用菌产品流通模式最为简单，中间商较少，主要为："龙头企业/合作社/农户+批发市场/农贸市场+消费者",由龙头企业、合作社、近郊农户直接将产品送到市区批发市场和农贸市场交易。具体流通情况见图6-1。

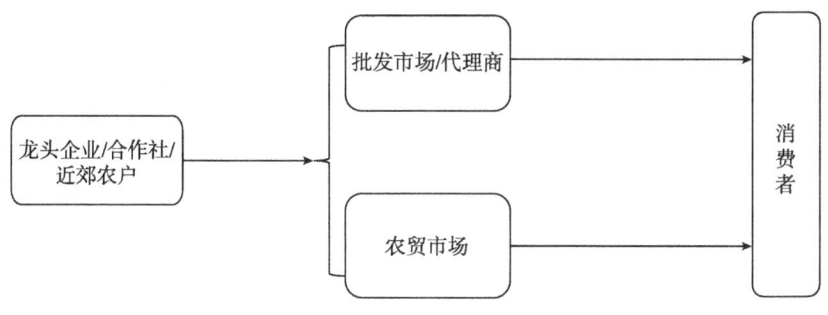

图6-1　第1类销售模式

第2类食用菌产品流通模式也比较单一,主要为"农户/市郊集贸市场+收购商+批发市场+消费者",流通渠道短,由收购商到农户田头收购,或到市郊集贸市场收购,最终送到批发市场销售。具体流通情况见图6-2。

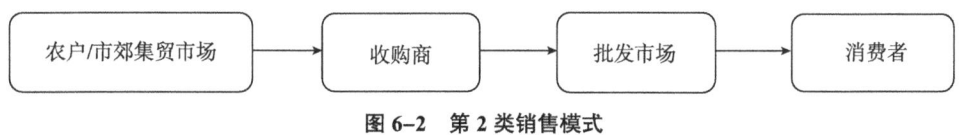

图6-2　第2类销售模式

第3类是龙头企业或合作社通过规模化、标准化或工厂化模式进行食用菌生产,并将生产出来的产品直接送到批发市场里的代理商进行批发销售,然后再由代理商二次批发到宾馆、饭店等伙食团体或配送公司等。具体流通情况见图6-3。

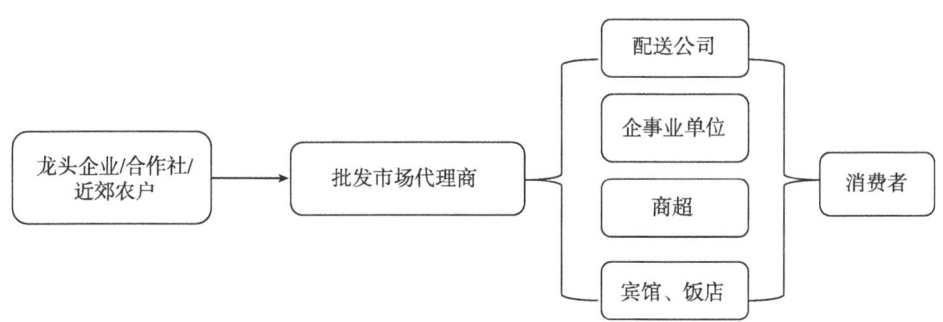

图6-3　第3类销售模式

第4类是龙头企业通过规模化、标准化或工厂化模式进行食用菌生产,并将生产出来的产品直接销售给蔬菜营销配送企业,并由该企业配送到超市、大卖场等地点。具体流通情况见图6-4。

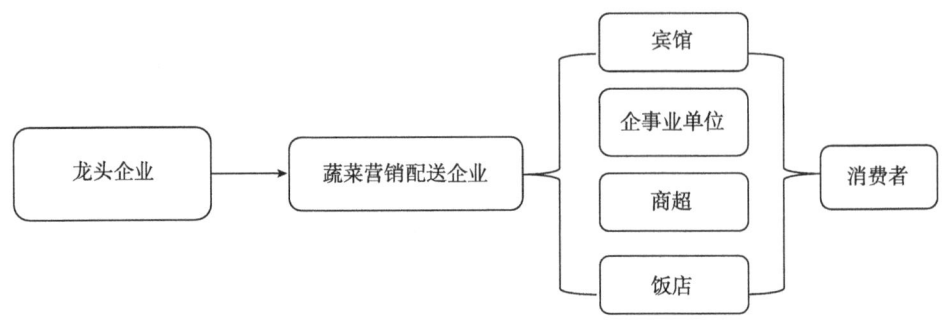

图 6-4　第 4 类销售模式

另外，随着食用菌工厂化产业结构的调整，食用菌工厂化生产企业开始追求转型。提升品牌形象，在网络端参与竞争销售。开发新的销售模式，如与高档餐饮结合，销售活体菌菇。这与当下市民"吃得健康、吃得放心"的需求十分吻合。一些具有一定规模的食用菌合作社开始研发食用菌盆栽技术，开发一种体验式的食用菌销售新模式，以此来开拓食用菌的绿色休闲功能，让市民亲身体验回归自然与田园生活的乐趣。

二、流通渠道选择

食用菌产品的销售渠道是指食用菌产品从生产者手中转移到消费者手中所经过的通道。笼统地说，分销渠道主要有以下功能：第一，市场调研功能；第二，传播促销功能；第三，接洽沟通功能；第四，配合功能，指所提供的食用菌产品符合购买者需要；第五，谈判功能，即对于价格达成供求一致；第六，流通功能，即食用菌产品的运输、储存、配送。通过分销过程，解决生产与消费之间时间上、空间上、品种上、数量上的矛盾。任何一个企业要把自己生产的产品顺利的销售出去，就需要正确地选择产品的销售渠道。正确运用销售渠道，可以使企业迅速及时地将产品转移到消费者手中，达到扩大商品销售、加速资金周转、降低流动费用的目的。

影响食用菌企业流通渠道选择的因素主要有以下几个方面。

1. 产品因素

影响渠道的选择因素有产品的重量、体积、产品的鲜活要求、标准化程度等。例如，新鲜的食用菌产品需要更多的直接市场营销，以免耽搁和太多的流通，需要能使运输距离和装卸次数最小化的渠道等。

2. 市场因素

市场因素包括市场区域的范围大小、消费者的集中程度、竞争对手状况等。对于地理范围较小的市场，可用较短、较窄的渠道；若消费者较为集中，可用较短、较窄的渠道，若顾客分散，多用较宽、较长渠道与之适应。

3. 购买行为因素

购买行为因素包括消费者每次的购买量、购买频率等。消费者购买量较小，一般需要较长、较宽的渠道与之适应，故消费者市场多用此类渠道。反之，消费者一次购买批量较大，如生产者市场、团购客户，则可用较短、较窄的渠道。若购买频率较高，顾客经常要买的产品，应用较宽的渠道；购买频率较低的产品，可用较窄的渠道。

4. 企业自身因素

企业自身因素包括企业销售渠道的管理能力、分销及市场经验及生产企业总体实力等。

5. 中间商因素

中间商因素也会影响食用菌销售渠道的选择，此外渠道选择还要考虑有关政策、法律的约束等。

第七章

上海食用菌产业：
外部基础与未来方向

第一节 上海食用菌产业发展的外部基础

一、市场多元化优势

作为国际性大都市的上海，农产品消费量大而集中，随着市民收入及消费水平的不断提高及对农产品健康营养的关注，现阶段已由数量型消费向质量和品质型消费转变，由单一消费向场景型消费转变，对食用菌的消费需求日益加大。面对新形势，农产品消费格局已发生一些新变化。从消费需求上看，新冠肺炎疫情促使消费者对农产品安全、品质和便利的需求放大，推动消费不断升级，倒逼农业经营主体更多发力供给端，加快农产品标准化、品牌化和品控体系的构建。随着食用菌产业技术的发展、品种的丰富及市民收入的增长，居民对食用菌的消费不断提高，由改革开放前人均年消费不足 0.5 千克到 1997 年人均年消费量已达 0.9 千克，据调查 2014 年食用菌人年均消费量迅速提升到 20.03 千克（孔雷等，2016 年），每日人均消费量约为 63.82 克，增长迅速，但距离营养专家提出每人每天应该消费 250 克菌类的建议还有较大差距。此外，上海食用菌产业链不断延伸，二三产业比重不断增加，食用菌产业相关产品逐步由简单加工向休闲、保健、药用以及食用菌设备设施等多元化方向发展，食用菌产业未来发展空间仍然十分广阔。

二、流通能力强劲

上海成为国内乃至世界重要的商品聚集地和扩散地，这有赖于其巨大的消费水平和便捷的交通运输。自从开埠以来，上海在国内市场的地位就凸显出来，各地通过上海向国外转口的货物数不胜数[1]，各种国际一线品牌商品也纷纷经由上海向国内其他地区辐射，显示出上海强大的汇聚力量。进入 21 世纪，上海提出成为全国的经济、金融、贸易、航运四大中心的建设目标，这进一步稳固了上海作为亚太地区物流枢纽的地位。据上海市住房和城乡建设管理委员会统计，2019 年

---

[1] 王于渐，等.重返经济舞台中心：长三角区域经济的融合转型［M］.上海：上海人民出版社，2007：228。

上海港集装箱吞吐量达 4 330.3 万标准箱，同比增长 3.1%，连续十年世界第一，上海国际航空枢纽港已成为我国民航业务量最大的客货运枢纽，货运量居全球第三位（表 7-1）。

表 7-1 2000 年以来主要年份国际集装箱吞吐量（按进出港分）

年份	国际标准集装箱吞吐量重量（万吨）	货物周转量（亿吨）	货物运输量（万吨）
2000 年	5 170	6 620	47 954
2005 年	16 250	12 132	68 741
2006 年	19 595	13 837	72 617
2007 年	23 850	15 949	78 108
2008 年	25 992	16 031	84 347
2009 年	24 619	14 436	76 967
2010 年	27 992	16 173	81 023
2011 年	31 220	20 367	93 318
2012 年	32 480	20 427	94 376
2013 年	34 243	17 868	91 535
2014 年	35 335	18 691	90 341
2015 年	35 850	19 553	91 239
2016 年	36 736	19 376	88 689
2017 年	39 759	25 058	97 257
2018 年	41 126	23 258	107 387

注：① 2004 年起，上海铁路分局改为上海铁路局，货物周转量数据有所调整。
② 2006 年民航货物周转量未包括中国货运航空公司的数据。
③ 2008 年，公路货物周转量为交通部公路运输专项调查数据。
资料来源：上海市统计年鉴 2019 年。

三、技术实力优势明显

在世界高科技迅猛发展的今天，科技实力决定着一个国家和地区的竞争能力。上海紧紧围绕"科教兴市"和可持续发展战略的实施，加快推进高新技术产业化是上海转变经济发展方式的主攻方向，坚持把科技放在首要位置，进一步加强了人才的培养和引进，增加了财政对科技的投入，努力推动科技与经济的结合，使科技发展速度明显加快，科技综合实力显著增强。R&D（Research and

Development）经费投入方面也呈快速增长态势，由 2000 年的 76.73 亿元增加到 2018 年的 1 359.20 亿元，R&D 经费投入占上海市生产总值的比重也由 2000 年的 1.59% 增加到 2018 年的 4.16%，R&D 经费占 GDP 的比重呈持续上升态势，表明上海的自主开发能力显著增强。上海对科技资源的吸收能力也非常强劲，技术市场中技术流动状况在一定程度上也反映了区域技术引进及技术竞争力的情况，2000 年上海技术市场成交额 73.9 亿元，2018 年上升到 1 303.20 亿元，18 年间增长了 16.63 倍，增长速度较快。在食用菌研发方面，上海具有较强的优势，为食用菌的研发与人才储备发挥了较大的作用。上海市农业科学院食用菌研究所成立于 1960 年，是我国建所最早、科研体系完备、学科门类齐全、人员层次较高、综合技术力量较强的食用菌专业研究所，现拥有"国家食用菌工程技术研究中心""农业部南方食用菌资源利用重点实验室""上海出口食用菌优良菌种标准化繁育中心""国家食用菌加工技术研发分中心""国家外专局引进国外智力基地""中国农业微生物保藏中心食用菌分中心""上海食用菌高效生产和加工产业技术创新战略联盟""上海市农业遗传育种重点实验室菌物分室""上海市天然药用资源研究开发中心"等国家和上海市的科研平台，选育出的优良菌种、研发出的高产栽培技术已辐射全国各地，有的甚至还输出国外，已经成为上海食用菌产业发展的重要科技支撑。

四、人才集聚优势

产业的发展需要技术支撑，而技术支撑的前提是人才的集聚。近年来，上海制定人才政策"20 条""30 条"，集聚了一大批科创英才，"高被引科学家"入选人数达到 65 人（占全国 11.2%）。上海采取多种措施，加快建设国际人才高地，紧紧围绕上海发展方向、产业结构调整、重大项目急需的人才，加大引进力度。通过聚焦世博会、载人航天、大飞机研发等重大项目，设立了一批重点引才引智项目，吸聚海外高层次优秀人才和智力。吸引人才之后，加大对人才需求的资助培养，既有针对领军人才和创新团队的培养支持计划，针对科研工作者的"优秀学科带头人""曙光计划""东方学者岗位计划"，也有针对新近回国的海外留学人员及初级科研工作者的"浦江人才计划""青年科技启明星""医苑新星计划"等培养计划，为上海知识经济的腾飞提供了先决条件。恒大研究院和智联招聘发布的《中国城市人才吸引力排名 2020》显示，中国最具人才吸引力城市 100 强中，2019 年上海、深圳、北京位居前三名，上海连续三年第一。这些人才集聚的政策为上海打造全球有影响力的科创中心建设提供了充足的人才保障，也为上海产业的发展提供了人才支撑。

五、资源配置优势

资源配置功能是将集聚的资金、技术、信息、人才、货物、数据等各类要素资源加以配置,根据全球化与世界城市研究小组发布的2020世界城市名册,上海排名较2018年提升了1位,排名世界第5位,进入具有较高集聚和服务能力的全球顶级城市行列,体现了上海对全球资源集聚、链接、辐射功能方面的成效。随着国际金融中心资源配置能力和国际科技创新中心策源能力的提升,依托于全球金融资源配置功能,上海金融市场的能级和高水平开放,以及原油期货、"上海金"等国际金融产品的价格信号影响力,上海资源聚集、要素齐备,二三产业发达。无论是资材供应,装备配套,还是外协加工和运输服务都十分便利。上海高水准的制造业,在推进农业装备向轻简化、高效化、智能化、节能化等方面发展做出了很大贡献。

六、产业的绿色发展优势

当前,上海正围绕发展都市现代绿色农业,大力推进农业供给侧结构性改革,上海农业发展正逐步向"安全""健康""绿色"转变。作为拥有2 400多万常住人口的超大型国际化大都市,上海是农产品、食品消费的重要市场,适合销售丰富多样的食用菌产品,且上海作为重要的物流中心,市场流通效率高。食用菌因其"不与人争粮、不与粮争地、不与地争肥、不与农争时、不与其他争资源"的产业特性,在上海都市农业发展中有着重要的地位与作用。一是食用菌生产原料多是农业下脚料,如棉籽壳、稻秸秆、米糠、麸皮等,食用菌生产的发展可有效改善生态循环;二是食用菌品种丰富,栽培方式多样,可有效调节种植业生产结构;三是食用菌生产的工厂化、设施化水平在同行业中较高,是实现农业智能化的优势作物;四是食用菌生产与大田作物相比,经济效益较高,一定面积的发展可以显著提高农民收入。

第二节　上海食用菌产业发展的方向

一、发展模式逐步转型

上海市食用菌产业发展历史悠久，但是随着劳动力及原材料价格不断上涨，食用菌生产成本增加，生产规模逐步减少。据统计，2019 年食用菌生产企业 8 家、合作社 34 家，农户 183 户，从业人数共 2 226 人，生产主体与从业人员数量与 2018 年相比略有减少。目前上海市食用菌产业形成一种类似于加工贸易的农业经济形态，呈现"两头在内、中间在外"的发展模式，"两头"指技术和市场，"中间"指生产加工，即上海利用技术优势输出种植食用菌的技术，利用外省的成本优势在外省或上海周边城市生产加工食用菌。"两头在内、中间在外"发展模式的形成是由于上海劳动力及土地资源紧缺，且在上海这样一个寸土寸金的城市发展农业，即便在沪郊生产，用工、用电、用地的费用支出也是相当高昂，导致食用菌生产成本高，然而食用菌的价格却没有提高，因此菇农的净收入并不可观。但是上海拥有食用菌先进生产技术的优势和巨大的食用菌需求市场吸引着众多投资者，因此很多企业采用梯度转移的方式，输出食用菌生产技术，在上海之外其他地区建立生产基地，逐渐形成"两头在内、中间在外"的发展模式。上海的"丰科""雪榕"等品牌已经分别在河北、浙江、山东、甘肃、河南等地建有基地或者工厂，这种发展模式既解决了在上海地区生产食用菌的短板，降低了生产成本，同时也促进了外地省区食用菌生产的快速发展。

二、工厂的高端化发展

工厂化、智能化是未来农业的发展方向，无论是土地的利用率，还是生产集约化效率上有很大的优势。目前，上海市食用菌产业以工厂化生产为主，合作社生产辅助，农户生产的传统模式规模逐步减小，有的企业逐步向智能化方向发展。2019 年上海市工厂化生产食用菌产量 7.05 万吨、占全市鲜菇总产量的 84.9%，工厂化生产食用菌产值 5.68 亿元，占全市鲜菇总产值的 82.3%（表 7-2、图 7-1）。食用菌工厂化生产企业 6 家，合作社 4 家，主要生产金针菇、真姬菇、双孢蘑菇、鹿茸菇等。金针菇生产面积进一步减小，2019年产量29 381.5吨，比2018年产量减少7 732.5吨，减少了20.8%。新增一家合作社工厂化生产杏鲍菇，2019年产量3 000吨。

农业领域高度自动化和智能化的成功典型就是食用菌工厂化生产模式，其中最关键的核心技术就是应用现代信息技术。随着都市现代农业发展水平逐渐提高，因现代化设备而形成的工厂化模式将会逐步取代一些简易的、传统的温室设施，越来越多先进的生物技术和智能化信息技术将会被广泛应用于食用菌的工厂化生产中，必将会给上海食用菌生产开创出新模式。未来，上海的食用菌行业还将进一步发展，要应用现代信息化技术，实施"工厂化+互联网""工厂化+5G"工程，从建设"智能配电""智能运输""智能仓库"等开始起步，逐步向"智慧车间""智慧工厂"方向发展。食用菌企业将大量采用智能化、数字化、机器人等高效设备，上海目前已研发成功16头的金针菇采收机器人、三臂的双孢蘑菇采收机器人等，以及正在研发国产智能化的菇房环境控制系统等，这些都达到了国际先进水平，这些信息技术在食用菌产业中的应用，必将引领未来产业发展的方向。

表7-2 2019年工厂化食用菌生产概况

项目	年份	金针菇	真姬菇	双孢蘑菇	香菇	鹿茸菇	杏鲍菇
面积	2019年	7 756.5	13 949.0	22.5	300	1 030.0	600
	2018年	9 690	14 202	22	400	990	—
产量（吨）	2019年	29 381.5	28 228	6 433.24	1 208	2 261	3 000
	2018年	37 114	29 308.5	6 349.1	1 600	2 178	—
产值（万元）	2019年	13 930.8	28 710	7 795.3	1 812	2 713	1 800
	2018年	17 892	29 367.2	7 788.1	1 900	3 267	—
平均单价（元/千克）	2019年	4.7	10.2	12	15	12	6
	2018年	4.8	10.0	12.3	11.9	15	—

面积单位：双孢蘑菇：万平方米；金针菇、真姬菇、鹿茸菇：万瓶；香菇、杏鲍菇：万袋。
资料来源：上海市农业技术推广服务中心统计。"—"表示数据缺失。

三、逐步向品牌化发展

成熟的工厂化生产菇类企业结构逐步优化，食用菌如"雪榕生物""丰科""光明森源"等大企业发展规模越来越大，品牌影响力也逐渐扩大，如"雪

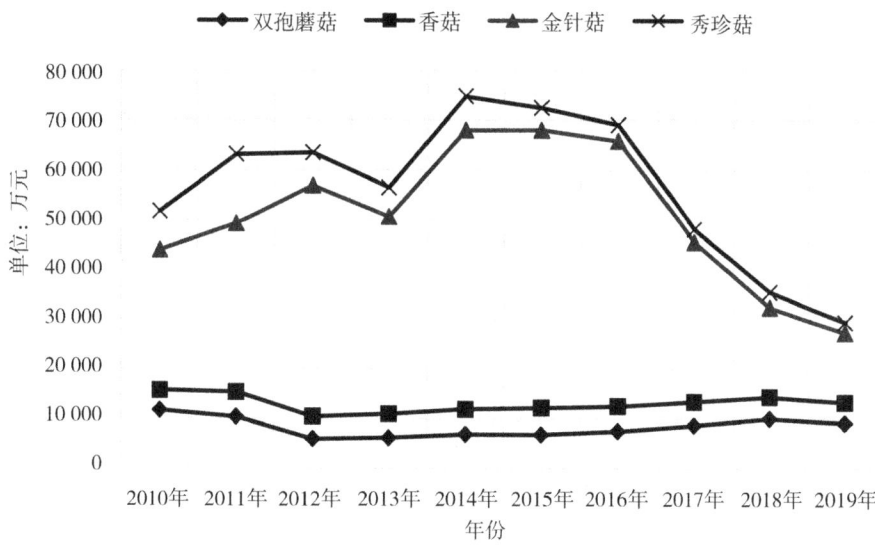

图 7-1　2010—2019 年上海市工厂化生产主要菇类产值变化
（资料来源：上海市农业技术推广服务中心统计）

榕生物"企业的工厂化日产截至2019年已经达到了1 200吨，其中金针菇日产960吨，处于全国领先地位。雪榕生物正加快海外扩张速度，投资泰国食用菌工厂化项目，加强海外市场布局。"丰科"高度专注于食药用菌产业，凭借人才团队、科技创新以及品牌建设，丰科成功构建起了食药用菌从鲜品—干品—休闲食品—保健食品—生物制药原料整个产业链五大系列数十种产品的研发、生产平台，"丰科"的工厂化珍稀食用菌生产能力，走在中国食用菌行业的前列。"光明森源"始终秉承"民以食为天、食以安为先"的理念，以智能化、标准化、精准化、精细化管理提升产品质量，以实实在在的举措确保食品安全，用安全、健康、优质的产品维护"九道菇"品牌市场信誉。对比大企业，小企业由于产量、质量无法保证，在市场的竞争力小，逐步退出市场。

四、产业发展的功能逐步延伸

近年来，上海市食用菌产业的发展功能也在逐步延伸，由生产功能逐步向辐射功能、休闲观光功能及生态环保功能转变。在技术辐射方面，以技术辐射、资金支持和建设加工厂等形式辐射云南、贵州、山东、河南等省份。"贵州九道菇"作为科技城的入驻企业，是光明食品集团与遵义漕河泾科创绿洲经济发展有限公司合作的重点扶贫项目基地，该项目的建设充分发挥了上海、遵义两地优势，不仅可以带动当地的食用菌产业发展，为广大农户提供专业的技术、可靠的菌种和更大的市场，还可有效带动农户通过种植食用菌生产原材料来实现脱贫致富。上海联中食用菌专业合作社积极创新技术，持续扩大产能，发挥辐射作用，带动周边传统蘑菇种植农户实现了转型升级，共同打造现代化蘑菇小镇。上海明云食用菌专业合作社是传统蘑菇种植农户，在联中的帮助下，工厂化的模式让蘑菇生长周期更短、产量更大、品质更优、售价更高，效益大幅提升，实现了初步的转型升级。不仅如此，上海联中食用菌专业合作社二期项目按照荷兰模式建设，涵盖双孢蘑菇培养料三次发酵隧道、菌种厂和观光采摘等，建成后可大大提升合作社产能，预计年产优质菌种1 000吨、鲜食双孢蘑菇1万吨，年销售额可达1亿元，创利3 000万元。同时，每年还可消耗秸秆3万吨、畜粪2万吨，产后转化有机肥5万吨，实现有限资源的价值最大化。二期项目建成后，合作社将大力发展观光休闲旅游，每年预计可接待1万多名游客，为市民休闲提供新去处的同时，带动周边旅游产业发展。此外，项目还将为周边村民提供180余个就业岗位，为农民就业、实现增收创造机会。

五、产业链向精深加工方向拓展

由于食用菌产品自身的营养价值，受市场需求和比较利益的拉动，食用菌企业逐步向深加工转型。在保鲜加工方面，上海食用菌龙头企业加快开展食用菌精深加工、贮运保鲜重大关键应用技术研发攻关，建立生鲜食用菌冷链物流技术体系，突破食用菌精深加工技术的产业发展瓶颈，尤其是食用菌功能食品、休闲食品等加工技术急需研制熟化，食用菌有效成分提取工艺和化妆品、药品开发工艺亟待深入研发，形成一批新技术、新工艺、新产品，加快深加工产业化步伐。上海丰科生物科技股份有限公司积极推进食药用菌深加工，丰科的GMP标准化工厂先后研制生产出灰树花多糖、姬松茸多糖、灵芝多糖等30多种食药用菌多糖产品，以满足现代人快节奏、高品质的生活需求。雪榕生物联手爱逸食品布局食用菌精深加工领域，合资公司拟进行植物基（含菇蛋白）休闲食品及其周边产品的研发、生产、销售。上海大山合集团立足菌菇产业，产品有食用菌干鲜品、调味料、罐头、休闲食品、保健食品、干果、可控基地的农副土特产品等十四大类近300个品种756个条码，深加工产品五大类62个品种，保健品四大类33个品种，不断将食用菌产业做大做强，引领行业发展。

六、布局全国探索全球化的步伐加快

上海食用菌产业经历了新一轮的产业结构调整,形成了雪榕、丰科、光明森源等食用菌工厂化龙头企业,这些企业以上海为菌种开发、技术研究的中心,近几年开始在全国其他地区投资建厂。雪榕为全国最大的食用菌生产企业,当前日产能为1 200吨,其中金针菇960吨,杏鲍菇120吨,真姬菇120吨,产能位居全国之首。雪榕自2009年开始实施全国布局战略,目前已在上海、四川都江堰、吉林长春、山东德州、广东惠州、贵州毕节、甘肃临洮建立了七大生产基地。2020年,泰国雪榕生产基地金针菇生产车间项目目前已逐步装瓶,并小批量出菇。为促进在华中地区的市场开发和业务拓展,雪榕先后与江西省都昌县、湖北汉川经济开发区、安徽省马鞍山市徽和县签署投资协议,建设食用菌产业园项目。上海丰科生物科技股份有限公司全国产业发展布局构建初步完成,在京津冀—环渤海湾—长三角—珠三角—成渝经济圈布局食药用菌全产业链,立足中国,服务全球,布局全国、探索全球化的步伐进一步加快。

七、空间集聚模式初步形成

近年来,金山区以做大做强区域特色农产品为突破口,积极发挥食用菌生产特色,打造廊下镇"蘑菇小镇"成为各界关注的焦点。2020年全镇蘑菇年产量9 299.73吨,一产年产值10 205万元,一二产总产值28 205万元。主要产品是双孢蘑菇、大球盖菇等,其中双孢蘑菇产量占上海地产蘑菇的90%。全镇蘑菇产业共帮助289名农民实现就业,年收入5万元左右。下面是"蘑菇小镇"的主要做法。

1. 采用工厂化生产方式,实现对传统产业的升级改造

以满足市场需求、提高产品附加值为导向,引入市场紧缺、工厂化生产技术成熟的菇类品种生产企业。2020年,通过农村综合帮扶项目,引进上海荣美农业科技有限公司,投资1.38亿元建设特色食用菌生产基地项目,达到年产7 000吨杏鲍菇、真姬菇和3 000吨草菇生产能力;通过工厂化项目的导入,破解了食用菌品种单一、工厂化水平不高的问题,产业能级得到有效提升。

2. 延伸食用菌产业链,实现价值链的有效提升

廊下镇通过举办健康食品宣传推介会、三产融合项目集中签约仪式等活动,深度挖掘食用菌开发价值,引导企业从大健康角度开发食用菌系列产品,促进食用菌产业与工业结合,让产业既富民又增税。目前,每年有 1 500 吨地产食用菌直供舜地等当地食品加工企业制成冻干、调味品等产品,750 吨直销盒马鲜生、百联等大型超市。此外加强文旅融合,鼓励发展以食用菌文化为核心的创意设计、文化旅游、民宿等文化创意新业态、新模式,如实施"农+侬"结对项目,成功打造以蘑菇为主题的特色农家乐饭店。大力发展食用菌采摘项目,规划设计蘑菇产业工业旅游线路,将食用菌产业和乡村旅游融合发展。

3. 推进产学研融合,实现农业资源循环高效利用

农作物秸秆经发酵转化成的基质,可用于双孢蘑菇生产,利用后的基质还可作为有机肥再次利用,符合生态循环农业发展的需求,但过去受技术及资金等方面的制约,农作物秸秆一直未能得有效利用。作为上海市食用菌产业技术体系示范基地,联中食用菌合作社于 2013 年引进荷兰生产设备与工艺,改建双孢蘑菇工厂化生产设施,并与上海市农业科学院食用菌研究所结对组成科研团队,反复开展各种对比、发酵实验,确定了水稻秸秆与鸡粪的最佳配比,并制定了一套适合本地实际的生产工艺,将秸秆变废为宝,经过加工、发酵,制成蘑菇种植基质,不仅减少了环境污染,还增加了农民收入。全镇 1.5 万亩水稻秸秆转变成蘑菇生产原料,蘑菇生产产生的菇渣每年约 6 万吨,满足了当地 36 个蔬菜园艺场和 12 家林果生产基地对有机肥的需求。2020 年全镇绿色农产品认证率达到 17.7%,化肥使用量比上年减少 12%。

4. 优化各项服务,助力企业破除发展瓶颈

建立食用菌产业发展跟踪服务机制,解决项目推进中的瓶颈问题,确保项目建设顺利推进。针对企业发展过程中遇到的用地难问题,镇政府层面协调布局农业设施用地,为新落户企业、龙头企业增加用地指标等措施,全力保障了企业发展科研、文化、科普、展示、菌菇餐饮等用地需求;针对融资难问题,镇政府充分利用都市现代农业项目、综合帮扶资金解决企业发展中的资金瓶颈,如通过帮扶资金为龙头企业联中食用菌合作社争取到 1.65 亿元投资项目,有效解决企业发展面临资金紧张的问题。

5. 注重人才培养,增加产业发展后劲

由政府和企业出资建立人才培养扶持资金,用于补助人才培育过程中各类支出,企业利用现有项目资源、技术资源,培育一批能够掌握先进生产栽培技术的专业人员，为廊下镇食用菌产业储备人才。同时强化龙头辐射带动作用，规划建设双孢蘑菇工厂化生产示范园，依托龙头企业生产三次发酵基料，帮助农户发展工厂化双孢蘑菇种植。目前已带动本地4家传统种植合作社转型为工厂化生产（金碑合作社、明云合作社、金继合作社、豆轩阁合作社），实现统一技术、统一原料、统一品牌、统一管理、统一销售，带领周边菇农一起增收致富。

未来五年，廊下镇所有种菇农户都将完成工厂化改建工程，成为率先实现绿色、现代、集约化生产的"蘑菇小镇"。

第八章

国外食用菌产业：
产业贸易及经验借鉴

食用菌产业作为朝阳产业,在中国经济不断向好发展的背景下,发展前景持续看好,特别是在"一带一路"倡议的不断推进下,中国更多的食用菌企业将走出国门,促进食用菌贸易,拓展市场渠道,为中国食用菌产业发展提供新的契机,因此我们借鉴学习美国和欧盟国家等食用菌生产强国的技术与经验也就显得尤为重要。本部分将在分析国际主要国家食用菌产业贸易的基础上,选取美国、荷兰、波兰等欧美国家,分析国际上食用菌产业的发展经验,对促进上海食用菌产业的发展有借鉴意义。

第一节 国际食用菌产业贸易概况

一、世界主要食用菌贸易量概况

近年来,世界食用菌贸易量呈现出快速增长的势头。1988年世界食用菌贸易出口量仅为0.55万吨,进口量为3.04万吨。经过二三十年的发展,到2002年时,世界食用菌出口量高达84.95万吨,进口量则为118.19万吨。此后,2008年世界食用菌出口量又飙升到121.18万吨,进口量为126.28万吨。据统计,2019年世界食用菌贸易出口量达809.46万吨,进口量为892.10万吨(表8-1)。

表8-1 2019年世界食用菌主要出口国家/地区出口情况　　　单位:万吨

国家/地区	出口量	占世界出口总量比(%)	国家/地区	出口量	占世界出口总量比(%)
中国	102.41	12.65	立陶宛	1.43	0.18
波兰	54.98	6.79	美国	1.09	0.13
意大利	48.65	6.01	中国香港	0.86	0.11
西班牙	35.11	4.34	匈牙利	0.85	0.11
比利时	9.86	1.22	罗马尼亚	0.59	0.00
白俄罗斯	6.67	0.82	墨西哥	0.55	0.07
加拿大	5.41	0.67	泰国	0.54	0.07
爱尔兰	4.60	0.57	合计	275.47	34.03
法国	1.87	0.23	世界	809.46	100

资料来源:联合国商品与贸易统计数据库。

由表 8-1 可知，2019 年世界食用菌出口量超过 0.5 万吨的国家（地区）共计 16 个，其出口量之和占到世界食用菌出口总量的 34.03%。按出口量的大小排序依次为：中国、波兰、意大利、西班牙、比利时、白俄罗斯、加拿大、爱尔兰、法国、立陶宛、美国、中国香港特别行政区、匈牙利、罗马尼亚、墨西哥、泰国。作为世界最大的食用菌出口国，中国 2019 年的食用菌出口量为 102.41 万吨，占世界食用菌出口总量的 12.65%；排名第二的波兰出口量为 54.98 万吨，占比为 6.79%；剩余 14 个国家和地区的食用菌出口总量占世界食用菌出口总量的 14.59%。

二、世界食用菌产业竞争力分析

从表 8-2 中可以看出，2002—2019 年，在 6 个主要的食用菌贸易国中，中国食用菌产品的国际市场占有率一直处于较高水平，保持较为平稳的发展态势，年均值维持在 10.79%～23.90%。其中 2019 年达到最高，为 23.90%；波兰食用菌产品的国际市场占有率一直稳定上升，从 2002 年的 2.70% 到 2019 年的 5.13%，增长了 1.90 倍，其食用菌产品出口具有广阔的发展前景；西班牙的国际市场占有率比较稳定，基本上保持在 3.00% 以上，总体保持在较高水平；白俄罗斯和爱尔兰两国的国际市场占有率则基本保持在较低份额但稍有增长的稳中有升态势，平均分别在 0.31% 和 1.12% 左右；加拿大食用菌产品的国际市场占有率在波动中下降并逐渐趋于平缓，2002 年达到最高，为 4.96%，2014 年降到最低为 1.35%。

综上所述，从主要食用菌出口大国的国际市场占有率来看，中国和波兰两国食用菌产品的国际市场竞争力保持稳定的发展态势，具有很强的国际竞争力。

表 8-2 2002—2019 年世界主要食用菌出口国国际市场占有率

年份	中国	波兰	西班牙	白俄罗斯	爱尔兰	加拿大
2002 年	10.79%	2.70%	3.53%	0.06%	1.82%	4.96%
2003 年	11.41%	2.41%	3.52%	0.13%	1.78%	4.22%
2004 年	11.99%	3.97%	3.78%	0.16%	1.44%	3.97%
2005 年	12.34%	3.64%	3.18%	0.17%	1.67%	3.67%
2006 年	13.77%	3.67%	3.36%	0.16%	1.54%	3.21%
2007 年	15.79%	4.26%	3.53%	0.18%	1.37%	2.80%
2008 年	14.30%	4.45%	3.43%	0.20%	1.43%	2.16%

续表

年份	中国	波兰	西班牙	白俄罗斯	爱尔兰	加拿大
2009 年	12.17%	4.29%	3.38%	0.25%	1.32%	2.36%
2010 年	16.77%	4.40%	3.37%	0.22%	1.09%	2.52%
2011 年	18.70%	3.88%	3.13%	0.94%	0.94%	2.10%
2012 年	11.05%	3.03%	2.37%	0.22%	0.70%	1.58%
2013 年	19.53%	4.86%	3.25%	0.38%	0.93%	2.15%
2014 年	22.70%	2.80%	2.28%	0.24%	0.56%	1.35%
2015 年	21.26%	4.86%	3.43%	0.35%	0.86%	2.84%
2016 年	22.23%	4.76%	3.55%	0.40%	0.75%	2.89%
2017 年	23.45%	4.42%	3.50%	0.44%	0.70%	2.77%
2018 年	23.71%	4.93%	3.54%	0.50%	0.61%	2.77%
2019 年	23.90%	5.13%	3.46%	0.58%	0.70%	3.27%

资料来源：联合国商品与贸易统计数据库。

第二节 世界食用菌产业贸易空间格局概述

一、世界食用菌贸易空间变化

世界食用菌出口量年际间存在一定波动，但总体呈现总量增长态势。2000—2019 年，世界食用菌出口量年际间虽然存在一定的起伏，但总体呈现出逐年增长的良好态势，出口总量由 2000 年的 84.95 万吨增长至 2019 年的 809.46 万吨，年均递增 12.60%。其中，2000—2004 年为快速增长期，世界食用菌出口量从 84.95 万吨增长到 134.63 万吨，4 年间增长了 49.68 万吨，呈现出良好的增长势头。2004—2008 年为平稳增长期，其中 2006 年出口量为 130.89 万吨，和往年出口量相比虽轻微下降但并不影响稳定增长态势。2008—2014 年食用菌出口量波动幅度则较大，2008 年世界食用菌出口量 121.18 万吨，2014 年则为 140.48 万吨。其中，2013—2014 年下降幅度最为明显，2013 年世界食用菌出口量为 188.31 万吨，2014 年则降至 140.48 万吨，下降率为 25.40%。2014—2019 年世界食用菌出口量有所回暖，2019 年世界食用菌出口量高达 809.46 万吨。

食用菌出口国主要分布在欧洲、东亚和北美，贸易市场较为狭小。通过对比分析不难发现，食用菌出口量排名前5的国家，除中国外均位于欧洲；排名前10的国家中，欧洲有7个（波兰、西班牙、白俄罗斯、爱尔兰、立陶宛、比利时和法国），北美洲有2个（加拿大和美国），亚洲为1个（中国）。结合以往数据可以判断，食用菌出口国家主要分布在欧洲等发达国家，亚洲发展中国家和地区其出口贸易有较大的上升空间。

二、世界食用菌出口贸易流向

对中国、波兰、西班牙、白俄罗斯、爱尔兰和加拿大六大食用菌出口国进行出口竞争力变化分析后，现对其食用菌出口的贸易流向情况进行分析。

1. 中国

中国作为世界第一大食用菌出口国，2019年中国食用菌出口总量达到102.41万吨，主要出口流向为周边国家和地区，如越南和中国香港等，出口量依次为11.30万吨、11.15万吨，分别占出口总量的11.03%、10.89%。中国出口量对韩国、马来西亚、俄罗斯和日本等地的食用菌总量依次为9.49万吨、8.75万吨、7.93万吨和7.32万吨，分别占到出口量的9.27%、8.54%、7.74%和7.15%。总体来说，尽管中国食用菌出口流向范围较广，亚洲、欧洲均有涉及且包括相当数量的对港内销，但从其流向区域来看，流量主要集中在越南、中国香港、韩国和马来西亚等周边国家和地区（表8-3）。

表8-3　2019年中国食用菌主要贸易流向

贸易流向	交易量（万吨）	占全年总交易量份额（%）
越南	11.30	11.03
中国香港	11.15	10.89
韩国	9.49	9.27
马来西亚	8.75	8.54
俄罗斯	7.93	7.74
日本	7.32	7.15
泰国	6.04	5.89
菲律宾	3.61	3.52
加拿大	2.30	2.24

续表

贸易流向	交易量（万吨）	占全年总交易量份额（%）
德国	0.86	0.84
英国	0.17	0.17
总合计	102.41	67.29

资料来源：联合国商品与贸易统计数据库。

2. 波兰

2019年波兰食用菌出口总量54.98万吨，主要流向德国、白俄罗斯、英国、法国和荷兰等国，出口量依次为11.42万吨、8.86万吨、6.45万吨、3.74万吨和3.41万吨，分别占年出口总量的20.77%、16.11%、11.73%、6.80%和6.20%。此外，对意大利、俄罗斯、希腊、瑞典和立陶宛等国的出口数量也较大，分别占到总量的5.18%、3.97%、2.46%、2.26%和0.95%。总体来说，其食用菌出口流向较为集中，主要流向欧盟各成员国和俄罗斯等国（表8-4）。

表8-4 2019年波兰食用菌主要贸易流向

贸易流向	交易量（万吨）	占全年总交易量份额（%）
德国	11.42	20.77
白俄罗斯	8.86	16.11
英国	6.45	11.73
法国	3.74	6.80
荷兰	3.41	6.20
意大利	2.85	5.18
俄罗斯	2.18	3.97
希腊	1.35	2.46
瑞典	1.24	2.26
立陶宛	0.52	0.95
总合计	54.98	76.43

资料来源：联合国商品与贸易统计数据库。

3. 西班牙

尽管西班牙食用菌出口量位居世界前列，但其出口量与中国和波兰相比仍存在较大差距。2019年西班牙食用菌出口总量为35.11万吨，大部分销往法国、葡萄牙等邻国，销量依次为 11.56 万吨、6.56 万吨，分别占年出口总量的 32.93%、18.68%。此外，对意大利和美国的出口也占到一定份额，分别为 9.71%、2.82%。总体来说，其食用菌产品的出口则相对集中（表 8-5）。

表 8-5　2019 年西班牙食用菌主要贸易流向

贸易流向	交易量（万吨）	占全年总交易量份额（%）
法国	11.56	32.93
葡萄牙	6.56	18.68
意大利	3.41	9.71
美国	0.99	2.82
比利时	0.91	2.59
沙特阿拉伯	0.35	1.00
瑞士	0.29	0.83
墨西哥	0.08	0.23
奥地利	0.06	0.17
委内瑞拉	0.01	0.03
总合计	35.11	68.99

资料来源：联合国商品与贸易统计数据库。

4. 白俄罗斯

2019 年白俄罗斯的食用菌出口量 6.67 万吨，主要流向周边国家和北欧各国。其中，对俄罗斯的出口量达到 5.98 万吨，占年出口总量的 89.66%，具有绝对出口优势；对德国和立宛淘也有相对数量的出口，分别占 3.75% 和 2.55%。此外，还少量出口到波兰、法国、瑞士、奥地利和哈萨克斯坦等国，分别占总出口量的 1.20%、0.75%、0.30%、0.15% 和 0.07%。由此可见，其出口国较为集中，俄罗斯是其最大的食用菌产品出口市场（表 8-6）。

表 8-6　2019 年白俄罗斯食用菌主要贸易流向

贸易流向	交易量（万吨）	占全年总交易量份额（%）
俄罗斯	5.98	89.66
德国	0.25	3.75
立陶宛	0.17	2.55
波兰	0.08	1.20

续表

贸易流向	交易量（万吨）	占全年总交易量份额（%）
法国	0.05	0.75
瑞士	0.02	0.30
奥地利	0.01	0.15
哈萨克斯坦	0.005	0.07
合计	6.67	98.43

资料来源：联合国商品与贸易统计数据库。

5. 爱尔兰

爱尔兰作为全球主要食用菌出口国，2019年食用菌出口量4.60万吨。就出口流向来看，其食用菌出口较为集中，主要销往与其毗邻的英国，出口量达4.59万吨，占全年总出口量的99.78%。此外，也有部分销往荷兰，出口量0.01万吨，所占比重为0.22%。可见，英国是爱尔兰主要的食用菌出口贸易国（表8-7）。

表8-7　2019年爱尔兰食用菌主要贸易流向

贸易流向	交易量（万吨）	占全年总交易量份额（%）
荷兰	0.01	0.22
英国	4.59	99.78
合计	4.60	100.00

资料来源：联合国商品与贸易统计数据库。

6. 加拿大

加拿大2019年其食用菌出口量约为54 149.68吨，主要输出国为美国，出口量约53 981.16吨，占年出口总量的99.69%。此外，对法国、智利和菲律宾等国也有少量的出口，但所占份额不多。可见，美国是加拿大主要的食用菌产品出口市场（表8-8）。

表8-8　2019年加拿大食用菌主要贸易流向

贸易流向	交易量（吨）	占全年总交易量份额（%）
美国	53 981.16	99.69
法国	77.84	0.14
日本	32.40	0.06

续表

贸易流向	交易量（吨）	占全年总交易量份额（%）
德国	11.48	0.02
瑞士	10.43	0.02
合计	54 149.68	99.93

资料来源：联合国商品与贸易统计数据库。

三、世界食用菌产业竞争格局

就国际市场占有率来看，随着世界食用菌生产由发达国家向发展中国家转移，中国食用菌国际市场占有率处于较高水平，并表现出较强的竞争优势；波兰的食用菌市场占有份额也呈现出逐年递增的趋势，且增速较快；西班牙的食用菌市场占有率虽经过波动有轻微下降，但依然保持有较大的优势。此外，白俄罗斯、加拿大和爱尔兰等国竞争优势相对稳定。

就贸易竞争力来看，中国、波兰两国食用菌贸易一直保持在较高水平，贸易顺差明显，表现出强劲的竞争力；西班牙食用菌产品的竞争优势有下降趋势；爱尔兰食用菌产品的贸易竞争力则保持相对稳定；白俄罗斯和加拿大两国的食用菌产品相对缺乏竞争力，竞争优势不明显。

通过对中国和世界其他主要食用菌出口国食用菌的出口贸易流向分析可以发现，中国食用菌产品在国际市场上具有优势，但绝对竞争优势不明显，究其原因主要是质量、安全水平等因素引起的非价格竞争优势的下滑，产品质量参差不齐，缺乏标准化管理；中国食用菌产品出口的比例较低，虽流向范围较广，但出口量相对集中在少数国家和地区，也因此制约了食用菌产业国际竞争力的发展。此外，发达国家的出口贸易壁垒也对中国食用菌产品出口的大环境造成一定的影响。从其他国家来看，波兰、西班牙、白俄罗斯、爱尔兰和加拿大等国竞争力较强，均表现出较大的发展空间，并占有较高的国际市场份额，食用菌产业的出口呈现出快速发展的态势。

第三节 国外食用菌产业发展经验借鉴

世界发达国家食用菌生产以荷兰、日本、美国为代表。日本在20世纪60年代开始，创立了木腐菌瓶栽和袋栽的工厂化生产模式，实现了工厂化周年生产。荷兰和日本由于土地资源和劳动力成本的原因，食用菌生产已发展至高度的专业化、高效化、智能化、节能化、清洁化于一体的现代化生产方式。美国全年的食用菌产量在36.8万吨左右，生产品种有双孢蘑菇、香菇、平菇、金针菇、真姬菇、杏鲍菇等，双孢蘑菇产量约占80%。香菇、平菇生产以自然季节简易化生产为主。美国和日本以种源技术研发为主要目标，世界上木腐菌工厂化的优良品种如金针菇、真姬菇、香菇等主要来自日本，而双孢蘑菇工厂化的优良品种主要来自美国。如美国的Sylvan（施尔丰）菌种公司数十年来对双孢蘑菇菌种的研究和生产积累了丰富经验，在育种、菌种维护和改良、生产技术、过程控制以及质量保障等领域达到国际领先水平，在美国、法国、英国等国家建有10个生产基地、18个销售中心、6个研发中心，Sylvan每年可向全球提供足以生产150万吨鲜菇的双孢蘑菇菌种。国内工厂化金针菇品种都是由日本提供，日本每年从中国获得的菌种费达3 000万～4 000万元。

发展中国家和地区，如亚洲的印度、巴基斯坦、越南、菲律宾等国家以及非洲等国家的食用菌生产还处于传统栽培阶段，食用菌需求量远远大于当地产量，正处于大发展时期。例如非洲一些国家粮食和蔬菜缺乏，蛋白质摄入量很低，发展食用菌生产是当地改善人民生活质量的优质产业。不少国家非常有兴趣引进中国食用菌生产技术，中国正在通过技术输出和培训来帮助这些国家和地区发展食用菌生产。

一、美国

（一）美国食用菌产业发展

美国的食用菌生产历史最早可以追溯到19世纪80年代。在20世纪初，随着大量欧洲移民在美国东海岸登陆，早期来自意大利和东欧的移民将双孢蘑菇栽培技术带到了美洲大陆，并在宾夕法尼亚州建立种植农场。1917年，美国创建了第一个蘑菇（以下皆指双孢蘑菇）罐头加工厂。1918年，美国第一个商业化菌种生产企业宣告成立。1925年，美国拥有了第一间带空调装置的栽培房。同期，美国成立了蘑菇种植者协会，负责组织农场购买栽培设备和原材料、鼓励科学研究、推进物流产业和配套食品加工业。早期，美国主要的食用菌栽培品种是双孢蘑菇，但第二次世界大战后随着亚洲移民数量的增加，平菇、香菇、杏鲍菇、滑子菇、茶树菇和灰树花等品种也被逐渐引入。美国双孢蘑菇栽培主要集中在宾夕法尼亚州和加利福尼亚州，分别占全美总产量的65%和12%。从1965—2014年的49年间，前35年美国食用菌产销量逐年增长，并于2000年达到历史最高点54万吨，之后10余年增长放缓并逐步下降。美国的双孢蘑菇种植产业高度专业化分工，生产所需菌种、培养料、覆土和添加剂均由专业厂家提供，农场通常只要按需订购使用即可，不需要自行制备。

美国在1900年以前还没有商业化的食用菌生产，而现在，美国以蘑菇为主的食用菌生产已发展成为技术水平世界一流、生产规模世界第二的世界蘑菇超级大国。美国的食用菌栽培业是一种集现代生物技术、现代生态环境工程技术、现代微电子控制及自动化技术等科学技术为一体的高科技产业。美国食用菌栽培企业的设备之先进、企业的平均生产规模之大是目前世界上其他国家短时间内无法达到的。

（二）美国食用菌产业发展特点

1. 种植技术领先

随着集约化、规模化经营的发展，生产设备的机械化、自动化程度不断提高，美国的食用菌栽培技术处于世界领先地位。如蘑菇培养料的堆制发酵是以生物发酵技术为基础，应用电脑对培养料的发酵进行全程自动控制；菇房中的温度、湿度、光照、通风换气量、二氧化碳浓度等环境因子都是由电脑按照蘑菇不同生育阶段的需要进行自动调控。这些现代化的设备为蘑菇的高产、稳产和定时定量生产奠定了基础，也为大规模化生产奠定了基础。食用菌是一种菌类作物，凭借在生物技术领域的先进技术和人才储备，美国占据了全球食用菌菌种研发的制高点。特别是在双孢蘑菇菌种生产和研发领域，美国是行业内当之无愧的领导者。世界三大蘑菇菌种生产企业全是美国公司，其中有两家，即施尔丰（Sylvan）和蓝宝（Lambert）公司均位于宾夕法尼亚州，另外一家Amycel公司则位于西海岸的加利福利亚州。以上三家公司的蘑菇菌种年产量可达到50多万吨，占全球蘑菇菌种市场份额的90%以上。除在美国本土生产外，三家企业均在欧盟和澳大利亚设厂，产品行销到全球80多个国家和地区。

2. 提高公众对食用菌的认知

美国食用菌产业的蓬勃发展，得益于稳定的消费市场。1990年，美国参议院通过了"食用菌促销、研究和消费者信息法案"，以立法的形式确保了食用菌产业的市场地位。1993年，美国成立专门的食用菌理事会（Mushroom Council）来具体执行该法案。食用菌理事会利用政府拨款和行业资金，大量资助有关食用菌营养和保健功能方面的科学研究，并将研究成果作为促进食用菌消费的基石。此外，还通过在报刊的食品专栏、广播媒体以及网络上大力宣传，加强与消费者的沟通和互动，每年推出100多个以食用菌为主的菜谱，并在零售终端和餐饮行业以海报或宣传册方式散发，以此来提高公众对食用菌的认识。

3. 吸取外部经验为我所用

作为一个移民国家，美国食用菌行业善于吸收来自亚洲和欧洲的新品种和新技术。双孢蘑菇种植技术虽然是由欧洲移民从欧洲大陆传播到美国，但美国食用菌产业并没有效仿欧洲，高度追求机械化和自动化，而是走出了一条有本国特色的发展之路。就某种程度而言，美国的食用菌产业仍是一项劳动力密集型产业，在采菇、包装等环节大量使用人工，这与其较丰富的劳动力资源（拉美裔劳工）密切相关。总体而言，美国蘑菇农场普遍显得较为老旧，机械设备也多为20世纪80年代制造，但保养维护得较好，加之有效的管理，价格相对低廉的人力资源、土地和原材料，使其单位面积产量并不逊于欧洲，甚至综合效益更高。此外，美国还从亚洲地区（中国、日本和韩国）引进了香菇、杏鲍菇和灰树花等菌种和栽培技术，丰富其食用菌产品种类。

二、欧盟国家

近年来，世界食用菌产业发展十分迅速，欧盟国家作为影响世界的重要经济体，其食用菌产业的发展方面亦不容小觑，其中荷兰、波兰等欧盟国家是世界食用菌主要出口国家，尤其需要关注其在规范化管理、集约化生产、标准化控制等方面取得的成绩和经验。

（一）荷兰

荷兰的蘑菇（以下皆指双孢蘑菇）产业是世界上最先进的，具有三大特色：一是产业分工明确、精细；二是机械化、自动化程度高；三是高投入、高产出。近年来，荷兰已将其先进的工厂化蘑菇生产技术扩展到了其他国家和地区。

荷兰栽培蘑菇自1900年至今已持续了100多年。1970年以前，荷兰的蘑菇生产水平与我国的现状相似，栽培管理以人工为主。当时雇工的薪酬约合人民币10元/小时，全国年产蘑菇仅300吨，货缺价高，市价约合人民币80元/千克，人们过圣诞节才能享用蘑菇。1970年以后，荷兰蘑菇生产开始了大规模工厂化、产业化发展,例如1975年发明了"头端铺料机(Head filling machine)",床架铺料机械化;1980年荷兰1 100家蘑菇工厂覆土改用泥炭土,制料与覆土专业化,种菇者只进行精细的出菇管理。随着蘑菇产业的快速发展,1990年荷兰三家大型专业制料公司开始采用三次发酵技术(Phase Ⅲ),将蘑菇栽培周期缩短为6～7周,技术的进步使荷兰蘑菇总产量大大增加,蘑菇成了大众食品,市价约合人民币20元/千克,被大量加工成罐头供应欧盟各国。

蘑菇的工厂化生产是机械化、空调化、集约化的高级生产方式,使种菇不再受气候和季节的影响,具有了工厂化生产的先进性。荷兰是世界上工厂化栽培双孢蘑菇最先进的国家,并且在不断向国外输送先进的技术和设备。在政府对污水、废气排放严格控制下,目前荷兰有三大双孢蘑菇培养料公司(占荷兰双孢蘑菇培养料总生产量的98.2%):CNC、WALUKO、HC,三次培养料的产量分别为每周9 000吨、6 000吨、2 000吨。农民栽培双孢蘑菇由专业公司提供培养料和覆土,同时进行机械化上料和出料服务,农民只管菇房管理和采收。三家公司双孢蘑菇三次培养料出口占25%～30%,近距离散装运输到法国、波兰、德国、意大利等,远距离打包冷藏后运输到日本、澳大利亚、中国香港等。

荷兰专业生产的培养料不但供应本国的生产之需,还大量出口蘑菇培养料包块,他们有先进的蘑菇培养料打包技术,采用液氮迅速降低发菌培养料的温度,再压制成包块,装冷藏集装箱,长途海运到日本、印度尼西亚等国出菇。

荷兰最值得我国学习的是蘑菇培养料集中式——"隧道发酵技术"。这种技术的先进性在于"利用微生物发酵热完成巴斯德灭菌和腐熟"过程,与耗费大量热蒸汽的架床发酵工艺相比,隧道式发酵处理量大,能耗低,效益高,无环境污染。在蘑菇生产发达的荷兰,隧道发酵、发菌技术的应用,使蘑菇生产出现了产业分工,专业的堆肥公司应运而生,蘑菇工厂不再进行堆肥,只专注于蘑菇生产的精细管理,蘑菇更加高产稳产,达到了蘑菇理论产率的极限水平。蘑菇工厂周年出菇8茬,每茬单位面积产量稳定在30千克/平方米以上,有6间菇房的家庭工厂平均每天产1吨鲜菇,均衡供应市场,效益较高。

(二)波兰

根据波兰经济研究所(PIE)的数据,波兰是欧洲最大的双孢蘑菇生产国,而国内消费是最低的欧盟成员国之一。波兰经济研究所的研究表明,波兰加入欧盟以来,双孢蘑菇出口量逐年增加,从2004年的8.7万吨(1.01亿欧元)增加到2018年的近23.6万吨(3.545亿欧元)。波兰产双孢蘑菇价格低于其他东欧国家,手工采摘也保证了质量，因此在国外市场很受欢迎。根据欧盟统计局的数据，2019年前11个月，欧盟双孢蘑菇出口额6.5亿欧元，其中波兰占50.1%。欧盟内，波兰双孢蘑菇最大的出口市场是德国，出口量4.2万吨，出口额7760万欧元。其次是法国，出口量2.73万吨，出口额4550万欧元。

以下为波兰的食用菌生产情况简要介绍。

1. 培养料生产工厂

（1）原料选择。大都采用麦草、鸡粪和石膏，不用稻草。

（2）预湿过程。波兰的鸡粪处理采用的是建鸡粪池，将鸡粪放到池中加水搅拌，然后将鸡粪水放入预湿池中浸泡麦草，然后用铲车铲出，用机器倒入一次发酵房中。

（3）一次发酵过程都采用高压系统。波兰的发酵房尺寸规格多样，通风各有不同，用小型的倒料设备操作，大多是开放式的。

（4）二次发酵过程全部是封闭式的。房间保温处理都特别好，大多采用大型机器设备进料，房间地面铺网，二次发酵后用设备将培养料直接拉出，并同时播种进行三次发酵。整个过程要求卫生非常严格，空气要经过严格的过滤后才能引入。

（5）运输培养料全用封闭式料车，将散料或打包料运到菇房。

2. 蘑菇生产工厂

波兰菇房比较简陋，有的用拱形棚，床架全是镀锌的，五层两排，但是选用材料样式比较多，尺寸也有不同。上土和上料同时进行，土中的水分湿度很大，已经进入培养料中，这与二次发酵料不同。菌丝非常强壮，却不形成菌被。人工采菇，菇的质量比较好，放保鲜库后进行包装发货。

3. 自动控制系统

在培养料发酵，蘑菇养殖过程中的温度、湿度、通风、二氧化碳等气候因素全部由电脑自动控制，给培养料发酵、蘑菇养殖创造了一个非常理想的环境，保证了培养料、蘑菇的质量和产量。

4. 菌种

波兰大多采用的菌种是Sylvan、Amycel、Mycelia公司的菌种，为了降低风险一般采用两种品种。在订购培养料的同时，直接让培养料生产厂家将菌种加好,并发好菌再购买。没有做二次发酵培养料,再自己播种的蘑菇工厂。

5. 病虫害的控制

食用菌工厂中极其重要的是病虫害的控制,尤其在双孢蘑菇工厂,它直接关系菇厂的生存,没有病虫害蘑菇产量就会高。世界上有好多菇厂因为病虫害而最终导致破产甚至关门,但欧洲蘑菇工厂病虫害控制的很好,因为产业链上各主体分担了培养料、菌种、覆土、种植的风险,培养料、菌种、覆土的风险大多在蘑菇种植前已经消除了。

另外据统计数据显示,波兰食用菌占全球市场份额越来越大,而作为全球食用菌的领衔国家荷兰,其似乎受到东欧国家的影响而逐渐倒退。因此,波兰的食用菌发展值得借鉴。

三、日本

(一)食用菌产业发展概况

日本是食用菌栽培品种多样化的国家,工厂化栽培种类从20世纪70年代的金针菇一种,逐渐增加到滑子菇、灰树花、杏鲍菇、白灵菇、斑玉蕈、离褶伞、香菇等数个品种,成为木腐食用菌工厂化技术领先的国家。由于工厂化生产技术的推广,给产业发展注入了活力,保持了产业持续稳定的发展(表8-9),也弥补了香菇减产导致的消费市场食用菌供应的不足。目前,日本食用菌产地基本上形成了以九州、东北为中心的干食用菌产地,以及以关东、奈良为中心的鲜食用菌产地的产业格局。这种分布与栽培方式不同有关,但主要还是受制于林木资源分布。

由于面临进口产品的竞争,过去10年来除香菇外的食用菌价格也下降了约30%。对此,日本地方政府开始加大科研力度,希望通过提高栽培技术,同时不断开发新品种投放市场,使国产品与进口品拉开档次。在香菇方面,部分农户放弃了在生产效率上同进口产品竞争,开始采用比较费时但质量优异的原木栽培方法,并谋求产品的品牌化,以占领高级品市场。

表8-9 2005—2014年日本主要种类食用菌产量   单位:吨

年份	干香菇	鲜香菇	小孢鳞伞(滑子蘑)	金针菇	糙皮侧耳	斑玉蕈	灰树花	杏鲍菇	松口蘑(松茸)	总产量
2005年	4 091	65 186	24 801	114 542	4 074	99 787	45 111	34 342	39	391 973
2006年	3 861	66 349	25 615	114 630	3 384	103 249	45 985	36 435	65	399 573

续表

年份	干香菇	鲜香菇	小孢鳞伞（滑子蘑）	金针菇	糙皮侧耳	斑玉蕈	灰树花	杏鲍菇	松口蘑（松茸）	总产量（吨）
2007年	3 566	67 155	25 818	129 770	3 024	108 996	43 607	38 265	51	420 252
2008年	3 867	70 342	25 945	131 107	2 578	108 104	43 398	38 214	71	423 626
2009年	3 601	74 962	26 138	138 501	2 424	110 741	40 998	37 223	24	434 612
2010年	3 459	74 488	26 421	139 193	1 892	104 359	43 035	36 885	140	429 872
2011年	3 696	71 254	25 426	143 189	2 082	118 006	44 453	38 055	36	446 197
2012年	3 705	66 476	25 816	134 097	1 883	122 276	43 251	38 163	16	435 683
2013年	3 498	67 760	22 972	133 554	2 375	117 154	45 347	40 200	38	432 898
2014年	3 589	66 375	24 856	145 206	2 256	105 698	44 525	38 956	26	431 487

资料来源：智研数据中心整理。

（二）食用菌产业技术特点

1. 工厂化栽培

自20世纪60年代开始，日本已着手研究金针菇工厂化的栽培技术，到现在，其生产技术已非常成熟。日本也凭借这一技术成为木腐菌工厂化生产强国，后又相继开发出杏鲍菇等菌类的工厂化生产技术。

2. 工厂化生产程度高

自动化、物流化、机械化在基料搅拌、瓶装、灭菌、接种、培养、出菇等各方面的管理都已覆盖，但是，目前食用菌采集、分级和包装工作还需要人工来完成。

3. 成立食用菌培养中心

在食用菌栽培的过程中，农户是小规模栽培主体，中小企业是较大规模栽培主体，这两点是我国和日本的共同点。但是，日本针对食用菌工厂化生产过程中设施设备闲置、资源浪费等现象，成立了专门的培养中心，即相当规模数量的种植户或者数家生产企业联合组成的专门用于食用菌培养和生产的基地，在最大程度上实现资源共享，节约生产成本，促进设施设备使用效率的提高。

第四节 对中国食用菌产业发展的借鉴

中国是世界上最大的食用菌生产国、消费国和出口国,中国食用菌 2019 年产量为 3 961.91 万吨。与此同时,中国又不是一个食用菌生产强国,食用菌作为一种经济作物,离不开种业的发展。目前,中国食用菌在种源技术方面还严重受制于他国,一部分商业化栽培品种的菌种供应对国外的依存度很高,每年需要大量进口或对外支付技术专利使用费。针对上述情况,中国需要借鉴他国的优势努力完善自身,可以进行以下几个方面的借鉴。

一、做好食用菌产业发展规划的实施

当前我国食用菌产业化发展还不够完善,主要以中小型分散栽培户和加工企业为主,产品以食用菌鲜品为主,缺乏深度加工和开发的副产品及中高端产品,生产模式粗放,产业效益低下。另外,食用菌企业的生产和加工也受到自然条件影响,在品类、质量和市场供应上起伏性较大,供应环节不稳定,因此会出现连年价格不稳定、恶意打价格战的现象,同时部分不符合规格的菌体也会被抛弃,从成本控制、效益提升角度而言,会造成资源浪费。因此提高食用菌企业的市场竞争力,要结合食用菌市场发展现状,进行合理的食用菌产业发展规划,创新食用菌生产模式、加工方式和销售途径,不断提升产业发展质量。

二、注重食用菌产业技术创新

要充分发挥科技创新对食用菌产业发展的引领支撑作用,提高食用菌科技的贡献率和转化率。引进优质菌种,建立菌种、原料的标准。食用菌生产主体要加强与科研机构的合作,积极主动参与和融入国家级、省(市)级科技创新体系中去,可以依托大学、科研机构和民营企业,逐步学习、吸收、消化美国的良种选育体系和生产工艺,鼓励和扶持一批有实力的国营或民营企业进入菌种行业,以填补中国在该领域的空白,鼓励企业、个人、社会资本投入科研并对其知识产权加以保护。同时食用菌工厂化生产需要标准化的菌种、原料,菌种、原料标准的建立将会有利于产业的社会分工细化,为食用菌工厂化生产提供产量与质量的保障。

三、加强配套设备开发

食用菌工厂化生产的发展,在很大程度上依赖于设备的改进与完善。食用菌产业的发展促进了配套设备的研发,而新的设备技术的研发又会推动生产效率的提高和成本降低。如韩国和日本不断研发食用菌高效率生产设备,装瓶机从4 000瓶/小时提高到12 000瓶/小时等,使得工厂化生产效率得到大幅度提高。在欧洲,蘑菇工厂化生产的设备和技术也已经非常成熟。从菌种生产设备,到培养料三次发酵设备,上料机,覆土机,采菇机,五花八门,样样齐全。所有这些机械设备,都是欧洲蘑菇行业几十年不断研发创新的成果,使欧洲的蘑菇工厂化生产走在世界的前列。未来我国食用菌产业发展应加强食用菌工厂化生产配套设备的开发与应用。

四、注重菌菇产业链的分工合作

学习欧洲模式,加强菌菇生产的分工协作,欧洲的食用菌生产者大多向供应商购买栽培发酵料和处理过的覆土材料,食用菌生产者只是专心栽培。在波兰有的还组织合作社对外销售。在欧洲,蘑菇栽培社会分工细化发挥到极致,而国内,相当多的从业者却还抱着"蘑菇技术没难度,从头到尾都会做"的旧观念,社会细化分工是当今社会发展的趋势,只有分工细化,才能够做到极致。欧洲的蘑菇工厂高度专业化,不用制种也不用造料,由专业生产公司提供发好菌的培养料和覆土,蘑菇工厂只进行出菇管理,将大公司的资本技术优势与家庭蘑菇工厂的劳动效率优势结合起来。这种分工合作模式可以使先进技术得以应用推广,提升整个蘑菇产业的效益。

五、完善和落实财政及相关政策

食用菌的营养特性和保健功效逐渐被广大消费者认同,市场需求逐年扩大,在产业扶贫中发挥了重要作用,各级政府都要重视,在用地审批、税收、贷款融资、财政等方面给予了大力扶持。近年来食用菌产业规模、水平都上了一个新台阶。今后,要进一步充分发挥企业在市场中的主体作用,政府通过完善和落实财政及相关政策,正确引导和鼓励企业开拓创新,引导企业在市场竞争环境中生存和发展。

总之，食用菌工厂化生产是一项系统工程，其产业的进步和发展是与社会各行业的技术支持、设备配套、科技信息、市场开拓、人才培养等密不可分的。中国的食用菌工厂化产业必须走专业化生产与社会化配套道路，并应向品种多样化、资源持续化、菌种优良化、生产工业化、质量标准化、管理规范化方向发展。

第九章

上海食用菌产业发展：
主要结论与对策建议

第九章 上海食用菌产业发展：主要结论与对策建议

在中国推进农业供给侧结构改革和种植业结构战略性调整攻坚战中，食用菌产业被相当多的地区列为主导性发展产业，成为集经济效益、生态效益和社会效益于一体的农村经济发展优质项目，也是集高效、循环、低碳、环保为一体的现代农业产业。上海在围绕都市现代绿色农业发展目标、大力推进农业供给侧结构性改革的背景下，进一步优化本市食用菌产业结构，促进食用菌产业提质增效，提高食用菌产业的市场竞争力，推动食用菌产业绿色、可持续发展，增强食用菌产业与二三产业的融合力度，提高上海市食用菌产业健康、有序、可持续发展的能力和水平。

第一节 结　论

一、国内食用菌产业发展势头良好

食用菌作为"高产、优质、生态、安全"的绿色循环产业，现在已经发展成为中国农业产业中继粮食、油料、果品和蔬菜之后的第五大种植产业，同时在未来一段时期内具有巨大的发展潜力。近10年来，香菇、平菇、黑木耳、金针菇、双孢蘑菇分别居于食用菌产量的前五位。其中，香菇近年来取得了迅速增长，产量由2006年的247.7万吨上升到2019年的1 115.94万吨，居于全国食用菌产量的第一位。居于第二位的是黑木耳，产量由2006年的107.7万吨上升到2019年的701.81万吨。平菇由2006年的397.6万吨逐渐增长至2019年最高值686.47万吨，其产量依然居于食用菌产量的第三位。金针菇和双孢蘑菇的情况类似，产量总体呈现浮动中上升趋势。分地区来看，2019年年产值超过100万吨的有河南、福建、山东、黑龙江、河北、吉林、四川、江苏、广西、湖北、江西、陕西和辽宁13个省（区）。在市场需求和相关政策的双重作用下，食用菌产业表现出良好的发展势头，中国已成为全球最大的食用菌生产国，中国食用菌年产量占世界总产量的75%以上，2019年全国食用菌总产量为3 961.91万吨，同比增长3.5%。食用菌的贸易量也呈现出逐年增长的态势，食用菌进出口贸易以出口为主，2019年出口到126个国家和地区，出口各类食（药）用菌产品70.31万吨，出口量占亚洲出口总量的80%，占到全球贸易量的40%。

二、上海食用菌产业技术优势明显

上海的食用菌产业在技术、资金、人才、管理、市场上都有较强的竞争优势，并在全国食用菌产业的发展中起着引领作用。上海食用菌产业在新一轮的产业结构调整中，形成了雪榕、丰科、光明森源等食用菌工厂化龙头企业，这些企业以上海为菌种开发、技术研究的中心，近几年开始在全国其他地区投资建厂，上海丰科生物科技有限公司自主培育的系列品种，在国内市场上有很高的占有率。丰科在布局全国基地过程中，逐渐提升设施水平和生产工艺，并准备建设无人智能化工厂，进一步推动中国食用菌产业的发展。上海食用菌产业技术体系成为食用菌产业发展的重要支撑力量，各类科技力量从生产中凝练科技任务，加快食用菌产业技术研发，形成全程技术研发解决方案，推动研究成果快速落地。这种独特的组织构架和运行方式，有效实现了科技力量与全产业链的联结。

三、上海食用菌产业发展逐步转型

上海食用菌目前的生产地区分布主要在奉贤区、金山区和浦东新区，在2019年这3个区的总产量占上海市鲜菇产量的96.6%。这些食用菌主要由8家工厂化企业、34家合作社、183家农户生产，从业人数2 226人。产业规模为总产量8.26万吨，总产值6.9亿元，主要生产金针菇、真姬菇、双孢蘑菇、香菇、鹿茸菇、秀珍菇、平菇、姬菇、大球盖菇、草菇等。大体上来说，金针菇和真姬菇这两种菇类依然占绝大部分比重。近10年来，上海食用菌产业经过产业结构调整，基于食用菌工厂化龙头企业的发展，开始走全国布局发展战略，在全国其他地区投资建厂，并且转移部分产能。同时，食用菌的传统种植模式进一步萎缩，一些菇农通过"公司+合作社+农户"等模式成功转型升级。近年来，上海的食用菌工厂化企业经过充分的市场竞争，落后产能逐步淘汰，优势龙头企业获得了更多的市场份额，市场竞争力也得到进一步提升，上海市的食用菌行业进入比较稳定发展阶段。同时，联中、彭世等食用菌合作社也通过探索工厂化生产模式、实施"企业+农户"战略、探索企业多元化发展、创新经营模式等，合作社的取得经济、生态、社会效益得到显著提升。

四、上海食用菌产品的消费逐渐增加

本书以食用菌为研究对象，对上海10个区的消费者进行随机调查，从文化、社会、个人和心理等因素分析对消费者食用菌购买行为的影响因素，主要来解释消费者已有的购买行为，研究发现，90.71%的消费者每次的购买量在500克以下；金针菇、香菇、黑木耳、杏鲍菇、银耳、茶树菇、草菇是消费者购买频次较高的食用菌品种；55.75%的受访者每周至少购买一次食用菌产品；消费者主要通过购买场所、网络、电视广播、亲朋好友介绍、报纸杂志来了解食用菌产品的信息；年龄、受教育程度、职业、口味、在外点餐情况、饮食倡议、品牌保障、生产流程了解程度、营养保健功效了解程度9个变量显著影响食用菌的购买行为。具体而言，年龄越大、受教育程度越低、认可品牌保障、认为食用菌味道鲜美、在外餐食点食用菌产品、同意"一荤一素一菌"倡议、对保健功效了解程度越高的消费者对食用菌的购买频次更多。为此，从加强食用菌科普与宣传、加强品牌建设力度、提升食用菌产业有效供给水平等方面提出对策建议。

五、上海食用菌产业市场及流通出现多元化模式

通过分析发现，本市食用菌生产仍然以工厂化生产为主，2019年工厂化生产食用菌产量7.05万吨，占全市鲜菇总产量的84.9%，工厂化生产食用菌产值5.68亿元，占全市鲜菇总产值的82.3%。食用菌工厂化生产企业6家，合作社4家，主要生产金针菇、真姬菇、双孢蘑菇、鹿茸菇等。目前上海市食用菌栽培呈现出以工厂化生产为主，合作社生产为辅，传统的农户生产模式已基本退出历史舞台的局面。食用菌的销售渠道是指食用菌从生产者手中转移到消费者手中所经过的通道。笼统地说，分销渠道主要有以下功能：第一，市场调研功能；第二，传播促销功能；第三，接洽沟通功能；第四，配合功能，指所提供的食用菌产品符合购买者需要；第五，谈判功能，即对于价格达成供求一致；第六，流通功能，即食用菌产品的运输、储存、配送。通过分销过程，解决生产与消费之间时间上、空间上、品种上、数量上的矛盾。上海食用菌产品的流通模式主要可分为四大类。

六、上海食用菌产业的新模式发展

由于上海具有的市场优势、技术优势、管理优势等，上海具有发展食用菌产

业的良好基础，特别是工厂化生产食用菌。目前，上海市食用菌产业以工厂化生产为主，合作社生产辅助，农户生产的传统模式规模逐步减小。2019年上海市工厂化生产食用菌产量7.05万吨、占全市鲜菇总产量的84.9%，工厂化生产食用菌产值5.68亿元，占全市鲜菇总产值的82.3%。食用菌工厂化生产企业6家，合作社4家，主要生产金针菇、真姬菇、双孢蘑菇、鹿茸菇等。金针菇生产面积进一步减小，2019年产量29 381.5吨，比2018年产量减少7 732.5吨，减少了20.8%。新增一家合作社工厂化生产杏鲍菇，2019年产量3 000吨。农业领域高度自动化和智能化的成功典型就是食用菌工厂化生产模式，其中最关键的核心技术就是现代信息技术的应用。随着都市现代农业发展水平逐渐提高，因现代化设备而形成的工厂化模式将会逐步取代一些简易的、传统的温室设施，越来越多先进的生物技术和智能化信息技术将会被广泛应用于食用菌的工厂化生产中，必将会给上海食用菌生产开创出新模式。未来，上海食用菌产业还将向品牌化、多功能拓展、精深加工、全球化布局的方向发展。

七、国外食用菌产业发展的经验借鉴

研究分析国际上各主要生产国的食用菌进出口贸易情况，总结借鉴美国、荷兰、波兰、日本等国家的食用菌产业发展经验。分析认为，近年来，世界食用菌贸易量呈现出快速增长的势头。出口总量由2000年的84.95万吨增长至2019年的809.46万吨，年均递增12.60%。作为世界最大的食用菌出口国，中国2019年的食用菌出口量为102.41万吨，占世界食用菌出口总量的12.65%；排名第二的波兰出口量为54.98万吨，占比为6.79%；剩余14个国家和地区的食用菌出口总量占世界食用菌出口总量的14.59%。在6个主要的食用菌贸易国中，中国食用菌产品的国际市场占有率一直处于较高水平，保持较为平稳的发展态势，年均值维持在10.79%~23.90%。整体上看，中国食用菌产品在国际市场上具有优势，但绝对竞争优势不明显，究其原因主要是质量、安全水平等因素引起的非价格竞争优势的下滑，产品质量参差不齐，缺乏标准化管理；中国食用菌产品出口的比例较低，虽流向范围较广，但出口量相对集中在少数国家和地区，也因此制约了食用菌产业国际竞争力的发展。此外，发达国家的出口贸易壁垒也对中国食用菌产品出口的大环境造成一定的影响。从其他国家来看，波兰、西班牙、白俄罗斯、爱尔兰和加拿大等国竞争力较强，均表现出较大的发展空间，并占有较高的国际市场份额，食用菌产业的出口呈现出快速发展的态势。

第二节 对策建议

一、合理科学规划，加强政策支持

首先，在产业发展方向上，各级政府要积极稳妥地基于本地实际情况，科学论证、统一规划，发展特色食用菌产业，依托技术研究部门，加快科研成果转化，同时建立有序发展的行业管理和指导体系；其次，为推动食用菌产业发展，研究出台和落实各种优惠政策，对食用菌生产专业合作社、龙头企业在购买设备，如生产、加工、冷藏、运输等设备上给予一定的财政补贴，尤其对龙头企业，在新品种选育、新技术的开发等方面给予政策支持，以推动食用菌工厂化生产集团性企业在上海发展总部经济；最后，政府部门应该依据不同种类食用菌的特点，加快制定和发布统一的生产标准和质量标准，尤其是绿色生产的相关标准，促使标准体系不断完善，为食用菌产业的健康发展保驾护航。

二、依靠科技创新，做强产业

上海要以产业集群发展理念为指导，充分发挥自身市场优势，在土地资源有限的情况下，合理的发展食用菌生产设施化、工厂化之路，打造新鲜、安全的高品质食用菌产品。食用菌产业是生态循环农业中的重要一环，食用菌企业要发挥好这一特性，为上海都市农业发展献力。在当前情况下，竞争加剧及盈利水平下降将成为一种经济常态，这就要求上海市食用菌企业转变增长方式，淘汰落后产能，提升科技对食用菌生产经营的贡献率。由上海市农业科学院食用菌研究所为骨干联合本市主要生产企业，在上海建设具有国际影响力的食用菌科创中心，围绕产业关键共性问题组织科技力量进行科技攻关，实施一批能填补国内空白、赶超国际先进的高水平重要项目，打造具有自主知识产权的创新成果，实行"弯道超车"，抢占产业高地，处在国际领先水平。充分发挥其科研创新平台、技术孵化平台、成果转化平台、示范推广平台、项目转移平台、科普展示平台、国际交流平台的多功能作用。

三、发挥龙头企业作用,提升产业发展能级

供应链的管理主张企业在保持自己核心业务的同时,将非核心业务职能外包给专业的企业,以更低的成本获取比自制更高价值的资源。如永大食用菌有限公司,在宝山的秀珍菇生产基地,采用两头在内、中间在外的经营模式,将培养好的菌种发包给专业的农户出菇,最后将农户产出的菇统一收购,进行加工包装销售。这种业务外包形式充分发挥了工厂和农户的自身优势,工厂有先进的技术设备、良好的管理体系以及畅通的销售渠道,而农户(菇农)有丰富的栽培经验、辛勤的劳动力资源以及土地资源。工厂负责前期的制种、发菌以及后期的包装、运输和市场销售,让农户规避了自然风险和市场风险,农户负责栽培、管理,节约了企业的用工成本和管理成本。公司和农户建立利益协同机制,共同发展,共同获益,很好地解决了农民卖菇难的后顾之忧,不仅保证了农民的利益,还提升了整体栽培水平。随着自身定价能力的提高、生产技术的进步及管理水平的创新,上海食用菌企业逐步走出上海,面向全国,以"一带一路"为契机,走全球化发展的模式。

四、强化宣传引导,推动产销对接

食用菌产业发展历程中孕育了丰富的历史故事和文化传奇,可借助夯实文化底蕴、打造丰富内涵的产业文化,创建特色小镇、旅游,举办"上海食用菌文化节"等活动等,对提升产业发展水平意义重大。食用菌具有实现营养均衡和安全保障的内在功能,符合当下居民"美味、营养、健康、时尚"的食品消费需求,可通过强化宣传、引导消费,拉动产业发展。另外,本地食用菌生产经营主体要树立品牌意识,利用好新鲜、安全的优势,缩短产地与餐桌的距离,企业可参加各类产销对接活动,拓展产品销售网络,让市民吃到本地的优质放心产品。

五、促进产业融合,延伸产业链条

要改变农业比较效益低下的现状,需要适应大都市居民消费升级需求,聚焦重点产业,聚集资源要素,强化创新引领,培育发展新动能,延长产业链、提升价值链、打造供应链,促进产业深度交叉融合,形成"农业+"多业态发展态势。食用菌产业发展方面,也要积极推进食用菌与加工流通业融合,推进农业与文

化、旅游、教育、康养等产业融合，推进食用菌产业与信息产业融合发展。在菌种的国产化替代、生产的新模式创建、工厂的数字化改造、菌品的产业链延伸等方面进行扩展。廊下镇促进食用菌产业与工业结合，加强文旅融合，鼓励发展以食用菌文化为核心的创意设计、文化旅游、民宿等文化创意新业态、新模式的做法，大大提升了农业效益，也促进了农民增收。

参考文献

卞纪兰,陶传冰,2015.我国食用菌产业发展的影响因素研究——以吉林省辉南县为例[J].中国管理信息化(4):149-151.

曹栩滢,孙占刚,2015.上海食用菌产业现状及发展对策[J].食用菌,37(5):8-10.

曾先富,李昕竺,熊维全,2017.利用花木(果)林空间,大力发展食用菌生产[J].食用菌,39(6):13-15.

常化滨,2020.从财务视域分析食用菌产业的生产发展路径[J].中国食用菌,39(1):80-82.

陈德明,1995.建立新的推广体系振兴上海食用菌产业[J].中国食用菌(1):9-11.

陈俊华,2011.食用菌产加销产业链建设创新机制研究[J].食用菌,33(4):1-4.

程琳琳,张俊飚,2015.中国食用菌主要品种时序演进及空间差异——以香菇和平菇为例[J].华中农业大学学报(社会科学版)(5):48-58.

董永刚,2019.基于蛛网模型的食用菌价格波动预测——以平菇为例[J].中国食用菌(7):128-132.

鄂筱曼,2020.中国食用菌出口欧洲市场的需求分析[J].中国食用菌(6):113-115,119.

冯斌,2018.干旱山区食用菌生产中生态温室循环利用的系统优化[J].中国沼气,36(3):98-101.

葛颜祥,王丽娜,诸葛曼乐,2020.食用菌农户生产与工厂化生产成本收益比较分析——基于山东调研数据[J].食用菌(2):4-7.

何智霞,武晓荣,2019.欧盟国家食用菌贸易状况及竞争力模型构建[J].中国食用菌,38(12):84-86.

洪波,李文静,张俊飚,2020.中国食用菌生产重心迁移路径及贡献度分解[J].食药用菌(4):217-225.

胡世涛,2006.关于销售渠道选择的一些影响因素的探讨[J].中国水运(理论版)(8):133-134.

黄彬庚,黄梅鲜,毛晓英,等,2019.新余市食用菌产业现状与发展建议[J].食用菌,41(6):11-12.

黄建春,1998.对加强上海郊区食用菌工作的几点建议[J].食用菌(2):2-3.

蒋德俊,2010.南阳市食用菌产业化体系建设思考[J].食用菌,32(1):6-8.

康乐,2019.中国和日本食用菌产业发展模式特点对比[J].中国食用菌,38(2):77-80.

孔雷,张良,胡文洪,等,2016.中国食用菌产业现状及预测[J].食用菌学报,23(2):104-109.

李伯才,2007.上海市奉贤区食用菌产业发展的现状与对策[J].食用菌(5):4.

李博,2020.中国食用菌产业发展的战略研究与对策分析[J].黑龙江科学(8):152-153.

李国贤,2014.上海市奉贤区食用菌产业现状与发展对策[J].食用菌,36(4):3,6.

李军,2020.我国食用菌供应链的模式分析[J].现代商贸工业(29):52-53.

李平,王佳威,王维薇,2018.欧盟国家食用菌贸易状况及竞争力分析[J].中国食用菌,37(2):1-6.

李荣春,2007.美国食用菌产业现状与发展趋势[J].浙江食用菌(1):34-36.

李树明,张俊飚,徐卫涛,等,2010.林下经济中的食用菌生产效率研究[J].林业经济(10):110-114.

李鑫,张俊飚,张亚如,等,2016.中国食用菌产业发展困境的对策研究[J].食药用菌(4):207-210.

梁洋,2020.12个国家和地区食用菌贸易便利化差异研究[J].中国集体经济(8):82-85.

刘昆丽,2019.食用菌的经济价值及发展潜力[J].中国食用菌,38(4):94-96,108.

刘庆洪,魏云辉,2020.关于当前形势下食用菌生产的几点建议[J].江西农业(3):43-45.

刘喜杰,2011.推进食用菌产业化基地建设[J].新农业(5):56-58.

刘妍,赵邦宏,张润清,2018.中国食用菌出口贸易周期波动及持久性预测——基于ARIMA模型的分析[J].世界农业(3):131-139.

卢敏,李玉,张俊彪,2010.农民视角的食用菌生产信息获取与相关决策行为分析[J].农业技术经济(4):107-113.

马文洁,2001.南汇县食用菌产业结构的调整与优化[J].上海农业科技(2):4-6.

穆晓丹,2020.从财务角度谈食用菌生产管理[J].中国食用菌,39(3):235-237.

潘闻闻,2021.加快提高要素市场国际化程度,强化上海全球资源配置功能[J].科学发展(5):43-48.

彭虹,2019.基于恒定市场份额模型的中国食用菌出口特征及波动影响因素分析[J].发展研究(4):55-63.

前瞻产业研究院,2020.2020—2025年中国食用菌行业市场前瞻与投资规划分析报告[R]. 中国食用菌行业工厂化发展现状分析 https：//www.qianzhan.com/analyst/detail/220/200121-6fa6d711.html.

上海农业志编纂委员会, 1996. 上海农业志[M]. 上海：上海社会科学院出版社.

孙江明, 李梦茹, 2020. 我国食用菌产品国际贸易格局研究及启示[J]. 中国食用菌（6）：96-99.

孙占刚, 2013. 2012年我国工厂化生产食用菌发展特点分析[J]. 食用菌, 35（4）：1-3.

孙占刚, 黄建春, 2020. 上海食用菌产业内外联动服务乡村振兴[J]. 食用菌（3）：1-3.

孙占刚, 汤倩倩, 2016. 加快转变发展方式实现上海食用菌产业可持续发展[J]. 食用菌（6）：12-13.

汤倩倩, 孙占刚, 俞美莲, 等, 2019. 上海市食用菌产业发展现状及对策研究[J]. 中国食用菌, 38（1）：80-84, 88.

陶锡忠, 2008. 武义县依靠科技创新 推进食用菌产业转型升级[J]. 浙江食用菌, 16（6）：1-2.

王琦, 陈青, 陆中华, 2020. 2019年浙江省食用菌产销特点及对策建议[J]. 食药用菌（3）：145-151.

王庆来, 2020. 中国食用菌出口贸易结构特征及影响[J]. 中国食用菌（4）：138-141.

王瑞波, 2005. 北京食用菌生产、流通和消费研究[D]. 北京：中国农业科学院.

王瑞霞, 2020. 六十载风雨扶贫路 一甲子奋进奏华章[J]. 中国农村科技（11）：29-32.

王哲, 赵帮宏, 2015. 河北省食用菌产业发展现状及其对策研究[J]. 中国农业资源与区划（1）：128-132.

温秋林, 陆娟, 2015. 北京市消费者食用菌消费行为与消费需求分析[J]. 北方园艺（14）：197-200.

胥丽娜, 2017. 依靠科技创新 促进食用菌产业升级[J]. 农业知识（8）：65.

徐春荣, 2010. 桂林市食用菌生产现状及产业发展前景分析[J]. 中国食用菌, 29（2）：54, 65.

徐光耀, 戴天放, 吴昌华, 等, 2020. 江西省食用菌产业现状、生产模式及发展对策[J]. 长江蔬菜（18）：72-75.

薛龙飞, 李鹏, 曹明宏, 2014. 中国食用菌出口贸易特征及波动原因分析[J]. 世界农业（9）：115-120.

杨璐嘉, 2020. "一带一路"背景下我国食用菌出口贸易持续性的影响因素及对策[J]. 中国食用菌（5）：106-108.

佚名, 2009. 欧盟食用菌产量持续下降[J]. 浙江食用菌, 17（6）：44.

余威震, 罗小锋, 张俊飚, 等, 2018. 基于总量与结构视角分析我国食用菌产业发展的区域差异[J]. 食药用菌(6): 338-344.

俞美莲, 祁凤梅, 黄建春, 等, 2020. 上海消费者食用菌产品购买行为及影响因素研究——基于消费者问卷调查数据的实证研究[J]. 上海农业学报, 36(6): 142-149.

俞美莲, 祁凤梅, 刘增金, 等, 2019. 大都市消费者对地产蔬菜的信任及对购买行为的影响研究——基于上海市532份消费者问卷调查数据的实证分析[J]. 上海农业学报, 35(6): 127-134.

张金霞, 陈强, 黄晨阳, 等, 2015. 食用菌产业发展历史、现状与趋势[J]. 菌物学报, 34(4): 524-540.

张俊飚, 曾杨梅, 何可, 等, 2017. 2014—2015年度我国食用菌价格波动特征分析[J]. 食药用菌(2): 90-94.

张俊飚, 李鹏, 2014. 我国食用菌新兴产业发展的战略思考与对策建议[J]. 华中农业大学学报(社会科学版)(5): 1-7.

张平, 郑志安, 赵祖松颖, 2017. 我国食用菌产业发展变化及对策分析[J]. 北方园艺(22): 167-174.

张琼, 2020. 我国食用菌出口遭遇贸易壁垒的困境与破解对策[J]. 产业与科技论坛(6): 11-12.

张绍泽, 2019. 经济学视角下中小规模食用菌生产模型分析与探讨[J]. 中国食用菌, 38(6): 16-18.

张淑红, 刘鑫, 王永照, 2020. 大数据背景下食用菌生产企业精准营销探析[J]. 中国食用菌, 39(3): 144-146.

张童朝, 张俊飚, 2017. 中国与"一带一路"沿线国家食用菌贸易状况分析[J]. 食药用菌(4): 216-219.

赵海燕, 赵永飞, 何忠伟, 2013. 食用菌产业菌农收益研究——以北京菌农调查数据分析为例[J]. 湘潭大学学报(哲学社会科学版)(4): 77-80.

赵艳, 2020. 食用菌质量安全现状及其管理探讨[J]. 中国食用菌(8): 240-242.

赵祖松颖, 郑志安, 王姣, 等, 2018. 我国食用菌生产布局变迁及影响因素分析[J]. 北方园艺(20): 174-184.

周炜坚, 2011. 食用菌行业信息化服务体系构建与应用[J]. 农业网络信息(3): 25-27.

朱华玲, 班立桐, 徐晓萍, 等, 2012. 利用食用菌生产循环利用农业有机废弃物[J]. 天津农业科学, 18(2): 106-110.

庄奇佳, 孙占刚, 2015. 上海蔬菜食用菌行业品牌情况调查报告[J]. 上海蔬菜(3): 6-8.

AMEND A., FANG Z, YI C., WILL C., 2010.Local perceptions of Matsutake mushroom management in NW Yunnan China [J]. Biological Conservation(143): 165–172.

GOLD M.A., CERNUSCA M.M., GODSEY L.D., 2008.A competitive market analysis of the U.S. shiitake mushroom marketplace [J].Hort Technology, 18(3): 489–499.

KIM GWANG-PO., 1999.Perspectives on the cultivation of edible mushrooms in Kore [J]. Journal of Anhui Agricultural University, 26(3): 245–251.

LUEIER G. ALLSHOUSE J., LIN B.H., 2003. Factors Affecting U. S. Mushroom Comsumption[M].U.S.Department of Agriculture(3): VGS295-01.

MAYETT, Y., MARTINEZ-CARRERA D., SANCHEZ M., et al, 2004.Consumption of edible mushrooms in developing countries: the case of Mexico [J].Science and cultivation of edible and medicinal fungi(16): 687–696.

MICHAEL C F C., 1993.Improving the market performance of Northern Ireland Mushroom [J].British Food Journai, 95(2): 21–24.

MORENO J.P., REYES M.M., PEREZ A.Y., et al, 2008.Wild Mushroom Markets in Central Mexico and a Case Study at Ozumba [J].Economic Botany, 62(3): 425–436.

ORIJEL R.G., CORDOVA J., CIFUENTES J., et al, 2009.Integrating wild mushrooms use into a model of sustainable management for indigenous community forests [J].Forest Ecology and Management(258): 122–131.

PILZ D., MOLINA R, MAYO J., 2006.Effects of thinning young forests on chantrrelle mushroom production [J]. Journal of Forestry, 104(1): 9–14.

RIERA J., GIERGICZNY M., 2011.Colinas C.Value of wild mushroom picking as an environmental service [J].Forest Policy and Economics(13): 419–424.

SECCO L., PETTENELLA D., MASO D., 2009. 'Net-System' Models Versus Traditional Models in NWFP Marketing;The Case of Mushrooms [J].Small-scale Forestry(8): 349–365.

VOCES R., BALTEIRO L.D., Alfranca O., 2012. Demand for wild edible mushrooms—The case of Lactarius deliciosus in Barcelona(Spain)[J].Journal of Forest Economics (18): 47–60.

后 记

在本书撰写过程中，得到了上海市农业农村委、上海市农业技术推广服务中心、上海市农业科学院食用菌研究所及上海市郊区农业农村委、区农技中心及有关管理人员、食用菌产业技术体系专家、上海市蔬菜食用菌协会等提供的帮助和支持，他们为该书的撰写提供了大量的数据及资料支持，为开展调研提供了诸多便利。本书研究的完成得到了"上海市食用菌产业技术体系"专项资金的资助，在此，由衷感谢上海市食用菌产业技术体系首席专家黄建春研究员及产业技术体系专家的指导与帮助。上海市农业科学院院领导、科研处领导及农业科技信息研究所领导对都市农业研究中心团队开展食用菌产业经济研究工作给予大力支持和帮助，对本书的编写提出了许多宝贵意见和建议。热情的帮助和支持同样来自同事们，马佳博士、刘增金博士、贾磊博士、张孝宇博士、周洲博士、马莹、王丽媛等在本书的写作过程中给了非常及时的帮助，从而使得食用菌产业经济的研究和本书编写工作得以顺利进行。本书的研究还得到上海海洋大学经济管理学院祁凤梅等学生在文献收集、问卷调查、数据处理等方面的大力帮助，感谢他们付出的辛勤工作。长期从事食用菌工厂化生产实践的高级经济师刘遐老师参与了本书书稿审阅工作，并提出了宝贵的意见与建议。在此，谨向以上单位各位领导、同事及协助本书出版的中国农业科学技术出版社的领导和编辑同志致以诚挚的感谢。

本书是对上海食用菌产业经济发展问题进行研究探索的一个阶段性成果，对食用菌产业发展的理解还有待深入，各种疏漏和谬误之处在所难免，敬请学者专家与读者批评指正，不吝赐教，以将促进食用菌产业经济的研究进一步深入。

编 者
2021 年 10 月 10 日